# 山中精灵　遇见本草

西安市科技局科普专项支持（项目编号24KPZT0019）

陕西新华出版
陕西人民教育出版社
·西安·

王艳 高磊 [著]　　江莹 [绘]

图书在版编目（CIP）数据

山中精灵：遇见本草 / 王艳, 高磊著；江莹绘
. -- 西安：陕西人民教育出版社, 2024.12
ISBN 978-7-5450-9964-5

Ⅰ.①山… Ⅱ.①王… ②高… ③江… Ⅲ.①植物 - 青少年读物 Ⅳ.① Q94-49

中国国家版本馆 CIP 数据核字 (2024) 第 051906 号

## 山中精灵　遇见本草
SHANZHONG JINGLING YUJIAN BENCAO

王艳　高磊　著
江莹　绘

| | |
|---|---|
| 出 品 人 | 李晓明　叶　峰 |
| 出版发行 | 陕西人民教育出版社 |
| 地　　址 | 西安市丈八五路 58 号 |
| 责任编辑 | 张亦偶 |
| 营销编辑 | 许竞丹 |
| 封面设计 | 热闹传媒设计工作室 |
| 内文设计 | 张　田 |
| 经　　销 | 各地新华书店 |
| 印　　刷 | 成业恒信印刷河北有限公司 |
| 开　　本 | 710 毫米 × 1000 毫米　1/16 |
| 印　　张 | 14 |
| 字　　数 | 280 千字 |
| 版　　次 | 2024 年 12 月第 1 版 |
| 印　　次 | 2024 年 12 月第 1 次印刷 |
| 书　　号 | ISBN 978-7-5450-9964-5 |
| 定　　价 | 58.00 元 |

版权所有・未经许可不得采用任何方式擅自复制或使用本产品任何部分・违者必究
如发现内容质量、印装质量问题，请与本社联系。
联系电话：029-88167836

# 序

    秦岭，这座横亘在中国中西部的山脉，它不仅是我国南北的分界线，还是文化的交汇点。在秦岭的怀抱中，山峦叠翠、云雾缭绕，这里是一座自然的宝库，也是药用植物的故乡。这本书就在对秦岭的崇敬中应运而生，它不仅是一本书，更是一次心灵的旅行，一场对本草奥秘的探索。在秦岭，古老的中医药文化与丰富的植物资源交织成一幅绚丽的画卷。此书便是这幅画卷的注脚，它记录了秦岭特有的药用植物，以及它们在中医药学中的应用和价值。

翻开这本书，我们仿佛置身于秦岭的深处，每一页都充满了生命的气息。从高山草甸到幽深峡谷，从湿润的林下到干旱的岩壁，秦岭的多样性孕育了丰富的植物种类。这里有高山明珠太白贝母，有清热解毒的金银花，有活血化瘀的丹参……这里的中草药鲜为人知却又功效卓著。它们或挺拔张扬或柔美隐匿，每一株都有着自己的故事，每一株都是自然界精心雕琢的作品。我们愿与读者共同启程，穿越秦岭的绿意盎然，找寻那些生长在岩石缝隙、溪流旁、林间空地的药用植物，感受它们以坚韧的生命力诉说着的与人类千丝万缕的联系。

此书的作者深入秦岭的每一个角落，与当地的药农、中医师交流，聆听他们口中的草药故事，感受他们对自然的敬畏与感恩。这些故事如同秦岭的山泉，清澈而甘甜，它们丰富了我们的知识，也滋养了我们的心灵。在编写此书的过程中，作者不仅注重科学性，更注重人文性。书中不仅介绍了药用植物的形态特征、生长习性，还详细阐述了它们的药理作用、临床应用以及采集加工的方法。希望通过这些翔实的信息，让读者能够更加深入地了解这些植物，更加科学地利用它们。同时，我们也强调了保护自然、可持续利用的重要性，希望唤起人们对生态环境的关爱以及对生物多样性的尊重。

《山中精灵：遇见本草》是一本关于药用植物的科普读物，更是一本关于生命、自然、人与自然和谐共处的哲学书。在这里，我们邀请读者放下日常的喧嚣，静下心来，与我们一起走进秦岭，感受那些沉默而伟大的生命，聆听它们的心声。在未来的日子里，愿《山中精灵：遇见本草》成为您探索自然、了解生命的伙伴，愿此书能激发您对自然的热爱，对知识的渴望，对生活的热情。让我们一起，用心去感受秦岭的每一寸土地，每一株植物，每一次呼吸，因为在这里，植物的故事生生不息。

岳明

陕西植物学会理事长

西安植物园园长、博士生导师

2024 年 5 月 30 日

# 目 录

### 壹 举足轻重

华重楼　灯台七 / 2

桃儿七　江边一碗水 / 6

延龄草　芋儿七 / 10

油点草　红酸七 / 14

大叶三七　钮子七 / 18

活血丹　透骨七 / 22

大花杓兰　蜈蚣七 / 26

秦岭翠雀花　云雾七 / 30

秦岭岩白菜　盘龙七 / 34

太白贝母　高原小风铃 / 38

## 贰 一举两得

杜仲　会拉丝的树 / 44

葛　香甜养胃羹 / 48

薯蓣　既熟悉又陌生 / 52

香榧　三代同堂 / 56

酸角　酸酸甜甜惹人笑 / 60

玫瑰　爱情美食两不误 / 64

紫苏　正反亦不同 / 68

魔芋　魔法变身 / 72

银杏　千年活化石 / 76

金银花　双生姐妹花 / 80

## 叁 双面天使

**乌头** 大补的毒药 / 86

**马兜铃** 铃儿响叮当 / 90

**细辛** 细辛需细心 / 94

**半夏** 走过一半的夏天 / 98

**漆树** 千年的璀璨 / 102

**商陆** 有毒的"葡萄" / 106

**蕺菜** 喜恶两重天 / 110

**何首乌** 乌发首选 / 114

**白头翁** 白发苍苍一老翁 / 118

**曼陀罗** 西域蒙汗药 / 122

## 肆 医药瑰宝

丹参　大地的血管 / 128

柴胡　千金之药 / 132

石斛　人间仙草 / 136

地黄　生熟亦不同 / 140

五味子　五味杂陈 / 144

益母草　女性的朋友 / 148

淫羊藿　男性之光 / 152

山茱萸　进补佳品 / 156

红豆杉　抗癌明星 / 160

景天三七　一把还阳草 / 164

## 伍 生机勃勃

天麻　天生麻子脸 / 170

大黄　乱世之良将 / 174

黄精　天地之精华 / 178

黄连　苦口良药 / 182

藿香　迷之香气 / 186

连翘　俏皮可爱 / 190

元胡　疼痛的克星 / 194

菘蓝　家中常备 / 198

绞股蓝　是草也是药 / 202

西洋参　参中小兄弟 / 206

## 壹·举足轻重

华重楼

遇见本草

华重楼 *Paris polyphylla*

别名：蚤休、定风、铁灯台、灯台七、七叶一枝花

分类地位：被子植物门 Angiospermae

百合科 Liliaceae

华重楼属 *Paris*

分布地区：云南、贵州、四川、陕西等

▶ 灯台七

初夏来临，清晨温润的空气抚慰着大山，秦岭山中的植被也开始茂密起来，路边的树荫下，各种知名和不知名的小野花迎着朝阳摇曳生姿。你若幸运，则会在繁花当中看到一朵绿色的小花，这就是大名鼎鼎的华重楼，古名"蚤休"。它是秦岭山中著名的药材，也是著名的秦岭七药之一——"灯台七"。

华重楼为百合科华重楼属多年生草本植物，在百合科这个大家族里，华重楼是发芽较早的。冬季，其他植物尚在沉睡，它就长

出芽头；待到春天来临，芽头就会迅速萌发，长出叶子。叶片的数量根据生长年份不同，从1枚到20枚不等，全部轮生于茎上，呈伞形分布。一根长长的茎，从轮生叶中穿过，长出第二层来，第二层虽为绿色，但不是叶子，而是华重楼的花。每当春末夏初，茎的顶端就会开出一朵别致的绿色小花，因此华重楼也常被人称为"七叶一枝花"。花瓣间夹着长长的金丝，这金丝是特殊形态的花瓣，像是给花朵系上的丝带。一枝独秀的华重楼花能绽放数月，到了秋季，绿色的华重楼花花瓣渐渐枯萎，中间结出一大颗硕大的绿色蒴果，成熟后的果实爆裂开来，像炸裂开的红石榴，籽粒颗颗透亮、粒粒饱满，甚是好看。华重楼的种子虽多，但落地后还需要经历一个长长的休眠期才能萌发，并且自然萌发率很低，从一粒种子长到一棵亭亭玉立的华重楼，往往需要经历数年之久。如今的秦岭山中，你若在徒步过程中遇到一棵华重楼，那你无疑是积攒了一整年的幸运。野生的华重楼很稀少也很娇贵，对环境要求极高，《本草纲目》中有记载："生于深山阴之地，一茎独上，茎当叶心，叶绿色似芍药，凡二三层，每一层七叶。"可见华重楼喜湿不喜干，喜欢生长在肥沃、排水性好的腐殖质土壤中，它生于深山，人工种植难度很大。

如此娇贵又难得的本草，对人类到底有什么作用呢？华重

楼以根茎入药，谚语"七叶一枝花，百毒一把抓"道出了它清热解毒、消肿止痛的妙用。大名鼎鼎的云南白药的重要成分就是华重楼。除此以外，它还是季德胜蛇药片等80多种中成药的重要原料药，同时也可以用于民间治疗毒蛇咬伤的偏方，市场需求量非常大。

长期以来仅仅依靠野外采挖的方法获得中药材，已对野生种质资源安全造成了极大的威胁。弥足珍贵的华重楼需要我们一起来守护。减少野生种的采挖，守护濒危物种，守护物种多样性，就是守护人类自己。

# 桃儿七

桃儿七 *Sinopodophyllum hexandrum*
别名：铜筷子、小叶莲、鬼臼、江边一碗水
分类地位：被子植物门 Angiospermae
　　　　　小檗科 Berberidaceae
　　　　　桃儿七属 *Sinopodophyllum*
分布地区：陕西、甘肃、青海、四川、云南、西藏等

▶ 江边一碗水

秦岭的森林，是生命的绿海；秦岭的山水，是诗意的源泉。山里的鸟叫蝉鸣此起彼伏，山中的飞禽走兽络绎不绝。今日我们探访的目标是大名鼎鼎的秦岭七药之一——桃儿七。这种珍贵的植物曾一度在野外销声匿迹，如今随着生态环境的改善，当地药农欣喜地向我们讲述，在野外又发现了它的踪迹。此次深入秦岭，我们满怀期待，希望能得到大自然给予的意外之喜，在茫茫山林中寻觅到神秘而珍贵的桃儿七。

我们在当地采药人的引领下,翻越秦岭,徒步十几公里,只为一睹野生本草——桃儿七的真容。正如古人所言"有美人兮,见之不忘",桃儿七那独特的形态令人一见难忘,今日探寻桃儿七,无疑加深了我们对它的印象。

桃儿七是小檗科桃儿七属多年生草本植物,多生长于海拔2200～4300米的林下、林缘湿地或灌木丛中。由于生长地海拔较高,气温较低,为了适应环境,桃儿七才进化出了独特的生长方式,选择了先开花后长叶的生存策略,以此来节约有限的能量。它积聚一整个冬天的能量,只为春天的破土而出。当春光乍现,一根红褐色的茎秆悄然钻出土面;到了五六月份,茎秆顶端绽放出一朵大而娇艳的花朵,花瓣薄如蝉翼,晶莹剔透,散发着光芒。当花朵顺利张开时,茎秆上皱皱巴巴的叶子才缓缓舒展,两片如巴掌般大小的叶子分列在花的两侧,映衬着娇艳的花朵,花也显得格外养眼;待到七八月份,花朵凋谢,果实渐渐成熟,一颗橘红色的卵圆形浆果宛如桃子挂于枝头,而那卵状三角形的红褐色种子,更是别具特色。

关于桃儿七,还有一个美丽的传说。相传神农进山采药,不慎从悬崖跌落,陷入昏迷,当他从昏迷中醒来后,发现溪边长着一种酷似莲叶的植物,其叶中央凹陷,形如小碗。神农摘下叶片盛水饮用,顿觉伤痛减轻。自此,这种草药被称为"江

边一碗水"。

桃儿七不仅叶片具有药用价值,其根茎、须根、果实亦可入药。根茎能治疗风湿、调和气血、舒筋活络、止咳平喘;果实则有生津益胃、健脾理气、止咳化痰之效。现代医学研究发现,桃儿七所含的黄酮类化合物具有显著的抗氧化活性,在心血管系统疾病及抗病毒治疗方面有广泛应用。

然而,如此珍贵的药用植物,人们差点儿再也享受不到它带来的裨益了。野生的桃儿七对生存环境要求非常严苛,同时种子萌发也十分艰难。自然条件下桃儿七种子需休眠10个月以上,但休眠时间又不能过长,过长会导致种子失去活性。如此苛刻的生存条件使得桃儿七的生长极为不易,再加之人类在利益驱使下的肆意采挖,使原本就捉襟见肘的野生资源更是所剩无几。如今野生的桃儿七已被列入《国家重点保护野生植物名录》中的二级保护野生植物。

幸运的是,桃儿七在悉心的人工培育和呵护下,已经可以茁壮成长了。我们暂时不用担心会失去这位美丽的植物朋友。

延龄草

延龄草 *Trillium tschonoskii*
别名：芋儿七、狮儿七、马尾七
分类地位：被子植物门 Angiospermae
　　　　　百合科 Liliaceae
　　　　　延龄草属 *Trillium*
分布地区：陕西、甘肃、四川、安徽、湖北、湖南、西藏、云南等

▶ 芋儿七

人们对延年益寿、永远冻龄的追求亘古不变，秦岭山中就有这样一株承载着人们美好愿望的小草，它的名字就叫延龄草，取延年益寿、永远冻龄之意。延龄草与七叶一枝花（华重楼）、江边一碗水（桃儿七）、龙王一支笔（蛇菰）并称为"秦岭四大仙草"。

作为四大仙草之一的延龄草到底长什么样子呢？第一次见到延龄草时的情景至今还历历在目。那时我们正在野外考察，走到秦岭北麓太白县的路平沟向内深入2公里，海

拔约1700多米处，同行的一位老师突然叫住我说："看！这就是延龄草。"只见柔弱的延龄草，从泥土里伸出一枝细弱的茎秆，茎秆上只有3片叶子，叶片宽大椭圆，如果不是看到它中间开出的那朵亭亭玉立的白色小花，我们大概会误以为它是大号的三叶草。延龄草的花一生有且只有一朵，这仅有的花朵如果被偶然路过的小虫子吃掉，那这一年它就无法拥有属于自己的种子了。古语有言："夏开一枝花，秋结一颗珠。"如果小花能幸运留存下来，当秋日来临，白色的小花就能结成一颗黑褐色如珠宝般的果实，"头顶一颗珠"的美称便由此而来。

走进秦岭山，满眼都是绿色，山中气候宜人，我们幸运地遇到了一棵延龄草，但奇怪的是，我们一路走来，也仅仅遇到了那唯一的一棵。为何它的数量如此稀少呢？这要从它艰难的繁殖方式说起，延龄草的种子有休眠的特性，它的休眠期较之大多数植物都要长，种子在土里要经过两个春化阶段才能萌发。我们在野外见到的每一棵延龄草都是经过了漫长的休眠，躲过了小动物的啃食，恰好遇到合适的温度，才能从大地中苏醒过来，萌发出一棵柔弱的小苗。也就是说，我们今天见到的延龄草至少是由两年前的种子萌发而来。

延龄草既然被称为仙草，当然可以入药，它是一味性质温和、扶正固本的药材。延龄草以根茎入药，具有镇静止痛、止血、

解毒的功效，在治疗头晕目眩、高血压、神经衰弱、月经不调、脑震荡后遗症、头晕头痛、腰腿疼痛、失眠等方面也有独特的疗效。人们睡得香、无病痛，自然也就延年益寿啦！

　　延龄草的名字承载着健康长寿的美好寓意，也是因为这令众人期许的名字，常年被人们过度采挖，使得山中原本就不多的延龄草变得更加稀少。美好的寓意不该给它们带来灭顶之灾。延龄草头顶宝珠，脚踏美好期许，在森林深处自由地舒展叶片。它们守护着人们安然入眠，人们也定当守护好它们的家园。

油点草

遇见本草

油点草 *Tricyrtis macropoda*

别名：竹叶七、红酸七、黄瓜秧、油迹草

分类地位：被子植物门 Angiospermae

　　　　　百合科 Liliaceae

　　　　　油点草属 *Tricyrtis*

分布地区：浙江、陕西、江西、福建、江苏、台湾等

▶ 红酸七

春风和煦的天气，很适合探索秦岭。山中的植物各具特色，有的硕大如楼台，有的微小如米粒，还有的则锦上添花地给自己绣上华丽的文身，油点草就是这类博人眼球的植物。从它的名字就不难看出它的特点，它的叶子上沾满了"油点"，在一丛绿色中格外显眼。

我最早认识油点草，是在叶广芩老师写的一本名叫《秦岭无闲草》的书中，第一面虽只在书中见到，却已经给我留下了深刻的

印象，因此真正见到它时，便能在树林下面的一众杂草中一眼认出。

油点草，又名"红酸七"，秦岭七药之一，因其叶片上布满褐色斑点，酷似散落的油点而得名。这油点与生俱来，可不是哪个调皮的人故意撒上去的。乍看到这油点不禁让人心生疑问，这油点是什么呢？对植物有什么作用？单单是为了好看吗？当然不是。据科研人员研究，这油点的形成是为了保护自己。油点草喜阴，不喜欢强光照射，油点的存在可以保护它免受强光的损害，可谓是起到了"防晒霜"的作用，只不过这个"防晒霜"没涂均匀罢了。

油点草的花上同样也布满了斑点，但这些斑点并没有给花带来美感。粉嫩嫩的花上布满斑点，给人一副"我有毒，生人勿近"的架势。初开的油点草花，三圆三尖的六瓣花瓣清晰地展示出它百合科家族成员的特征，随着花朵的盛开，花瓣向下弯折，露出花蕊，酷似双层塔楼，雌蕊在最上层，裂成三瓣，每瓣的尖端又裂成蟹钳状，像是随时准备着扣下前来授粉的小昆虫。待花朵退场，一个个直冲天际的果荚应运而生，散落开来，来年又会生出一株株奇特的植物。如此造型奇特的油点草，可以作为秦岭山中奇花异草的代表吧！

喜好阴凉的油点草，若在幼苗时期受到阳光直射，它很快

就会变得干黄焦枯，甚至死亡；但如果见不到阳光，它奇特的斑点就会渐渐消失，因此只有在大山的庇护下，它才能茁壮生长。科研人员还在努力了解它的习性，让它成为园林绿化中的一员，让更多的人领略它的奇特。

油点草除了造型奇特以外，还是一味很好的药材，可全草入药。据《江山中草药图鉴》记载，它味甘，性平，入肺经，可补肺止咳，主治肺虚咳嗽。油点草含有酚类、黄酮类、甾体类、糖及其苷类、鞣质、有机酸和挥发油等成分，可止咳、补虚、消积，可用于治疗咳嗽、虚劳、食积等。它虽并未被纳入《中华人民共和国药典》（后文简称《中国药典》），却是当地人喜爱的药材之一，当肺气不足时，用它来煮水补肺再好不过。这一碗补肺止咳汤在补肺的同时，还有抗血栓形成的作用。

油点草隐于大山之中，长相奇特，虽无名分，却能为山中百姓排忧解难。

大叶三七

18

大叶三七 *Panax pseudoginseng*
别名：疙瘩七、钮子七、扣子七、秀丽假人参、钮子三七、盘七、珠儿参、珠子参
分类地位：被子植物门 Angiospermae
　　　　　五加科 Araliaceae
　　　　　人参属 *Panax*
分布地区：陕西、山西、甘肃、湖北、河南、四川、贵州、西藏等

▶ 钮子七

　　清晨的空气格外清新，清新里还透着甜香。天空刚泛起微红的晨光，我们已经出发探山了。今天又是好运的一天，出发不久，我们就在森林里遇见了一株久违的本草——大叶三七。大叶三七虽不像油点草那般显眼，但那芊掌般张开的掌状复叶随风打着节拍向我们拍着手，也是很容易辨识出的。

　　大叶三七为五加科人参属多年生草本植物。虽和人参是同一家族，但大叶三七却没有"人"形的根部，它的根部像一串连起来

的串珠，因此也有"珠子参"这个形象的名字。它和人参一样，都不喜欢被阳光直射，野外的大叶三七通常生长在林下阴凉的地方。它的茎细长，顶端有3~5片复叶，每片复叶又由5片小叶片组成，伞形花序从叶中央抽出，细细长长，头顶的花序也不及人参大，不足人参花的1/2。小小的花瓣呈淡绿色，小花完美地与背景色融为一体，在满眼绿色的野外，如果不等到果实成熟，很难发现大叶三七开花。这也许就是它的高明之处，完美地隐藏着自己。大叶三七的果实为浆果状核果，鲜红色的圆球形果实，顶端带着一抹黑，形成经典的黑红配色。成熟的果实在绿色的背景下显得格外亮眼，让小动物们能清晰地看到，便于种子向外传播。看见大叶三七，我们又一次感叹，每一种植物都有它的生存之道，开花时隐藏自己，待到果实成熟，需要将种子传播到更远的地方时，才会显现出亮眼的颜色。

大叶三七通过地下根茎繁殖，亦可用种子繁殖。种子需要经过长长的寒冬低温洗礼才能萌发，没经过低温洗礼的种子，即使是顺利萌发了，也会生长不良。严寒是大自然对它的历练，有了这场历练，大叶三七才能成长为一株对人类有所裨益的本草。

这株本草在秦岭七药中榜上有名，又因其地下的根茎像一串扣子，故得名"扣子七"。它的入药部位就是这一串"扣子"，

这串"扣子"来之不易，风调雨顺的年份，大叶三七的根茎就会膨大，形成一枚"扣子"；贫瘠之年，根茎则不膨大或是膨大程度很小。膨大的根茎一年或者数年才得一枚，是时间的积淀。大叶三七入药，性苦，味甘，微寒，有补肺养阴、活络止血、祛痰镇痛之功效，主要用于治疗跌打损伤、外伤出血、腰腿疼痛、月经不调、吐血、便血、咯血、外伤出血、痈肿、胃痛、咽喉炎、腮腺炎等症。另外，熟品可用于滋补气血双亏，缓解虚劳咳嗽。

  一串自然雕刻的珠子，承载着人们对健康的期许，也串联着时光。种子接受自然的历练，在低温中积蓄能量，开花时与环境融为一体，默默地将自己隐藏；待到结出丰硕的果实，才用一抹红色装点衣裳。植物的韬光养晦也许是大自然想告诉我们的忠言。

活血丹

22

活血丹 *Glechoma longituba*

别名：驳骨消、通骨消、透骨七、铜钱草、十八缺

分类地位：被子植物门 Angiospermae

　　　　　唇形科 Labiatae

　　　　　活血丹属 *Glechoma*

分布地区：除青海、新疆及西藏外，全国各地均有分布

▶ 透骨七

一束阳光乍现，云潮逐渐退入山间。秦岭刚刚经历过一场雨的洗礼，空气变得湿润，仿佛一幅水墨画，淡妆浓抹总相宜。能够领略秦岭不同的妆容，着实有幸。秦岭是座有故事的山，山中本草不胜枚举，秦岭七药展现着各自的神奇，叫不上名的植物也有自己的生存绝技。

今天要去拜访的是有着霸气名字的一棵本草——"透骨消"，又叫"透骨七"。千万别被它的名字吓着，它可不是小说中能

渗入骨髓的毒药，它的名字与外形并不相符，身长仅仅10几厘米。它的中文名叫"活血丹"，是唇形科活血丹属多年生草本植物，常生长于海拔2000米以下的森林边缘地带、草地、溪边等阴湿处。每年的四五月份，活血丹就会开出紫色的小花，小花两两成对生长，像是一对对相依相恋的伴侣，一同开放，一同凋零，一同结出果实，象征着爱情的一生一世一双人。它管状的花萼在末端舒展开来，裂成五瓣，活像一对有胳膊有腿的小人儿。待花期结束，活血丹便会俯下身子匍匐生长，节上生根，独株成片，生命力非常顽强。活血丹的叶子也是成对生长的，心形的叶片表面附着柔软的细毛，叶的边缘有钝圆的小齿，有人也称它为"十八缺"。不过不知叶子上的这些小齿的缺口是否正好十八个，如若遇到可以数一数。它的茎呈四棱形，很细弱。可别看活血丹身躯柔弱，在有些地方即使冬季来临，活血丹的叶子依然绿意盎然、充满朝气。若你凑上前去仔细闻闻这绿油油的叶子，还会闻到一股淡淡的香气，这是活血丹中挥发性芳香油的味道。

活血丹是农家常用的传统草药，具有清热解毒、散瘀消肿、利湿通淋的功效。同时从它那霸气的名字"透骨消"中也不难看出，它还是一味了不起的骨科圣药，风湿性关节炎、跌打损伤，遇到它，便会病痛全消。外敷可治疗骨伤，内服还可化解腹中

结石，无论是膀胱结石还是尿路结石，有了透骨消，统统被消掉。另外，透骨消自带独特的香气，地上采一把嫩叶，开水焯过，凉调入味，又成了不错的小凉菜。有些老人也喜欢拿它晒干来泡茶喝，微苦，性凉，有疏肝利胆的功效。

在大山里，活血丹不难找到，甚至山中农家的房前屋后都能看到它的身影，不过若身处都市就很难见到了。我们因工作需要，有幸可以光顾大山，也能时常见到这可爱的活血丹。

小小的活血丹，花开迷人，叶绿清心，既是了不起的骨科圣药，也承载着人们对美好爱情的寄寓，赏花和药用两不误。期待它在秦岭山中永远散发迷人的魅力！

# 大花杓兰

大花杓兰 Cypripedium macranthos

别名：蜈蚣七、牌楼七、大口袋兰、黑驴蛋

分类地位：被子植物门 Angiospermae

　　　　　兰科 Orchidaceae

　　　　　杓兰属 Cypripedium

分布地区：黑龙江、吉林、辽宁、内蒙古、河北、山东、台湾等

▶ 蜈蚣七

　　兰花象征着优雅聪慧，成语中"蕙质兰心""桂馥兰香""契若金兰""兰心蕙性"都是借兰花来形容美好的品质。兰花的美深入人心，它的金贵更是有目共睹。秦岭山中也有这样一种兰花，被称为"植物界大熊猫"，这就是美丽珍贵的大花杓兰。

　　大花杓兰的存在，堪称大自然的杰作。它是中国野生兰花中观赏价值极高的品种之一，它的花朵直径可达 5~6 厘米，每朵花都有一个口袋模样的唇瓣，唇瓣内部是一个空

腔，因此大花杓兰别名"大口袋兰"。这个大口袋的开口朝向天空，为了防止雨天积水，聪明的大花杓兰还进化出了像盖子一样的花瓣，挡在大口袋的上面，可以有效防止雨天积水。这个像口袋一样的唇瓣，圆乎乎，胖墩墩，甚是可爱，也像极了荷兰的特产大头木拖鞋，它的拉丁名 *Cypripedium macranthos* 本意就是女神维纳斯的拖鞋。我在想，女神若是穿着如此芳香美丽的拖鞋，魅力自然会更增几分。

　　大花杓兰在秦岭七药中堪称最美本草！它是兰科杓兰属多年生草本植物，从花到叶无不散发出高贵典雅的气质。有微风吹过时，叶片和花朵随着清风微微摆动，像极了亭亭玉立的少女在舞动着曼妙的身姿。可惜这美妙的舞姿在秦岭山中并不多见。兰科植物本就对生存环境要求非常严苛，喜欢生长在有林木庇护，土质肥沃且排水性良好的土壤中，多数品种只能在野外生长，有的甚至仅仅生长在某一个山头或某一条沟壑中，生长区域分布极为狭窄。除此之外，大花杓兰繁殖的难度也很大，它主要靠根茎繁殖，一年只开一朵花，花朵虽美，授粉却不易，昆虫需掀开盖子，钻入口袋唇瓣的内部才能实现传粉。即便能顺利长出种子，种子还有一个长长的休眠期，萌发又成了阻碍它扩大种群的新问题，因此大花杓兰成为世界自然保护联盟《濒危物种红色名录》中的濒危物种之一。我们如果有幸在野外看

到，欣赏它的美就好了，切勿毁坏或采摘，因为它还有一个戏谑的别名——"牢底坐穿兰"。随意采摘或毁坏国家重点保护动植物，情节严重者，是要负法律责任的。

　　大花杓兰的美不仅在于外表，还在于内在。它还是一味中药材。据《内蒙古植物药志》记载，其根及根状茎味苦、辛，性温，有小毒，可利尿消肿、活血祛瘀、祛风镇痛，可用于治疗全身浮肿、小便不利、风湿腰腿痛、跌打损伤、痢疾等症；其花可用于治疗外伤出血。不过，现在它的珍贵稀有程度大概会使它渐渐失去被用于治疗的可能性吧！

　　兰花自古就被人们赋予太多美好的寓意，不仅因为它好看，更是因为它的稀有。全球已知的兰科植物约有 2.7 万种，多数为濒危、易危物种，备受人们的关注和呵护。野生的大花杓兰从种子到开花需要 8 年之久，每一棵都弥足珍贵，愿每个人都能为它的保护工作尽一份心力。说不定有朝一日，它的种群能强大到在路边、公园随处可见，我们能随时欣赏到它的美。

# 秦岭翠雀花

秦岭翠雀花 *Delphinium giraldii*

别名：云雾七、山乌、虎膝、蓝花草

分类地位：被子植物门 Angiospermae

　　　　　毛茛科 Ranunculaceae

　　　　　翠雀属 *Delphinium*

分布地区：陕西、四川、甘肃、宁夏、湖北、河南、山西等

▶ 云雾七

秦岭的博大，包罗万象；秦岭的深厚，如古籍大典，很多人穷其一生也没能读懂一二。这部大典中写满了人与自然的故事，让每一个进入秦岭的人流连忘返。此生能慢慢品读关于大山的故事，目睹山中草木，无疑是幸运的。

山中每一株草都秀丽可爱，每一朵花都自带灵气。秦岭翠雀花正展现着妖艳的蓝色，这蓝色的花朵在风中摇曳，像是童话故事里穿着仙女裙，忽闪着翅膀，缓缓飞来的小精

灵。蓝色的小花通常五枚花瓣，像是漂亮的仙女裙摆。盛夏时节花开最艳，长长的花距高高翘起，犹如高翘尾巴的雀鸟，随时准备起飞。

　　清雅秀丽的秦岭翠雀花是毛茛科翠雀属多年生草本植物，在雨水丰沛季节，一下子能长到一人多高。幽静深邃的蓝色花朵在自然界中本就稀奇，它的身高在一众矮小的本草中，更是显得高大挺拔。五角形的叶片两面都附着了柔软的短绒毛。自然界中的植物很懂得分配自己的能量，聪明的翠雀花也是如此，下方的叶子宽大，而上部的叶子逐渐变小，它要把费尽力气运输上来的营养尽可能地输送给最上部的花朵。每到七八月份，植株积聚了从春到夏的所有能量，在顶端开出一束幽蓝色的翠雀花。对！不是一朵，是一束，翠雀花由多个小花组成总状花序，每朵花的花梗都斜向上生长，花朵依次展开，花瓣为蓝色，花萼同样也是蓝色。长长的花距向上翘起，花瓣垂直于地面展开，翠雀花似乎要找到一个最完美的角度，以方便昆虫为它授粉。当授粉完成，这美丽的花朵便悄然离去，造型奇特的果实开始登场。一切都是自然的安排，一切都恰到好处。

　　很多植物的一生似乎就是为了结出种子。在结这一粒种子的过程中，它们贡献了绿色，贡献了色彩斑斓的花朵，也为其他生物贡献了食物，为地球贡献了氧气，为人类贡献了精神的

享受，这些又何尝不是植物存在的意义呢？

　　翠雀花对人类的贡献可不仅于此。它是秦岭七药中的云雾七，可以全草入药，味辛，性温，具有活血祛瘀、散寒止痛之功效，可用于瘀血阻滞或寒凝血滞引起的头痛、腰背痛、腹痛、劳伤疼痛，翠雀花也有一定的毒性，但对它的毒性，人类也有妙用——将翠雀花捣碎，释放出植株中的汁液，汁液加水稀释后就成了良好的植物杀虫剂。需要注意的是，汁液中的毒性对人体也有一定的危害，因此你若是在野外见到了翠雀花，欣赏它的美便好，将它折下带回家则大可不必。

　　秦岭雀翠花在雾气氤氲的秦岭山中，长出长长的花距，如丝绒般高贵典雅的花瓣在风中摆动，宛如振翅欲飞的雀鸟，更如翩翩起舞的精灵。它在秦岭山中年复一年悄然绽放，无论是谁都不应该打扰如此美好的精灵，就让它在秦岭山中永远美丽。

秦岭岩白菜

秦岭岩白菜 *Bergenia scopulosa*
别名：盘龙七、地白菜、岩壁菜、红岩七
分类地位：被子植物门 Angiospermae
　　　　　虎耳草科 Saxifragaceae
　　　　　岩白菜属 *Bergenia*
分布地区：秦岭和祁连山

▶ 盘龙七

田里成片的小白菜成熟了，展现出一派丰收的景象。无论南方还是北方，小白菜都深受家家户户喜爱，它的味道每个人都很熟悉。但生长在秦岭深山岩石峭壁上的"白菜"你见过吗？虽与餐桌上的小白菜长相相似，但此白菜非彼白菜，秦岭山中的"白菜"身价可不菲，它就是秦岭岩白菜，秦岭七药中的"盘龙七"。秦岭岩白菜的野生数量稀少，受到生境限制，每年能生长的新苗寥寥无几，繁殖方式主要是根茎繁殖，随着资源的过度采挖及生态环境的恶化，秦岭岩白菜野生数量骤减，野生资源已濒临枯竭，目前已成为世界自然保护联盟《濒危物种红色名录》中的植物之一。为保护濒危物种，保护生物多样性，任何私自采挖国家野生濒危植物的行为都会受到法律制裁，因此有人也戏称秦岭岩白菜为"牢底坐穿菜"。

秦岭岩白菜为虎耳草科岩白菜属多年生草本植物，圆形的叶片像一对对可爱的耳朵，通常生长在秦岭山中海拔2500米以上的高海拔林下阴湿处或悬崖峭壁上。因其主根上粗下细，呈稍微弯曲的柱形，棕褐色的表皮上密布棕黑色的鳞片和残叶鞘，有密集的"环节"，节上生有须根，有点像传说中盘踞在岩石上的龙，因此得名"盘龙七"。秦岭岩白菜在早春时节就能开出粉色的花，花朵温柔淡雅，甚是好看。有时花期遇到春雪，粉嫩的花朵在雪中绽放，让人看着更是心生怜爱，总不忍心这么娇嫩的花朵受到寒冷的摧残。

秦岭山中的这株白菜不仅花美，也大有用途。它的根茎经干燥后制成的中药材"盘龙七"，具有补脾健胃、除湿活血、清热败毒、收敛的功效。从植株中提取的岩白菜素具有镇痛、镇静、催眠及安定作用。近年来还有临床试验证明，秦岭岩白菜在治疗风湿性关节炎、慢性气管炎，增强免疫力等方面也能发挥一定的作用。但人类不可以那么自私，万万不可将生长如

此不易的野生秦岭岩白菜拿来提炼药物。在野生秦岭岩白菜资源濒临枯竭的今天，科研工作者开始对秦岭岩白菜进行引种和迁地保护，在繁殖、传粉及种子萌发特性等方面开展研究，目前已通过人工授粉获得种子，成功实现种子出苗，并探索了分株繁殖的技术。

有了科研人员的努力，它的生命终于可以得到大规模的延续，药农也不用冒着生命危险在悬崖峭壁上采集本就为数不多的植株，人们也可以放心大胆地使用由它的成分所生产的药物，秦岭大山也不用失去它可爱的孩子。我们应当相信，终究有一天，我们能在植物园里看到秦岭岩白菜粉嫩的脸庞，而大山中的秦岭岩白菜依然会像龙一样紧紧盘踞在山崖岩石之上。

太白贝母

太白贝母 *Fritillaria taipaiensis*

别名：太贝、秦贝、尖贝

分类地位：被子植物门 Angiospermae

百合科 Liliaceae

贝母属 *Fritillaria*

分布地区：陕西、甘肃、四川、湖北等

▶ 高原小风铃

　　太白山是秦岭主峰，也是秦岭山脉的最高峰，自古以来便有神山之称。这里的"神"不是怪力乱神，而是在于有着众多神奇物种的精妙入神。

　　这样一座神山，每年都会吸引众多登山爱好者，他们的目标无疑是要征服太白山。我们来到这座神山，也有登顶的小愿望，于是咬紧牙关爬到太白山海拔 3000 米左右的高山草甸，看云卷云舒，感微风拂面，心情也变得敞亮起来。赏山川秀丽的同时，也不

39

忘留心脚下的植被。高山草甸的海拔高,温度终年低于山下,草甸的众多草本平时都是难得一见的。特殊的自然环境和地理条件造就了这些植被的特殊性。高山上没有固定水源,因此植被都长不高,个头儿都是矮矮的。高山的紫外线使得花儿的颜色十分鲜艳,其中也不乏特殊的颜色,太白贝母就是一种花叶同为绿色的植物。

太白贝母为百合科贝母属多年生草本植物。花通常五六月份开放,呈黄绿色。和我们见过的百合花一样也是由六片花瓣组成的,三片在内,另外三片包裹在外。不同的是,太白贝母的花冠没有百合花那么大且外翻,而是小小一朵,含蓄内敛,六片花瓣紧紧地扣在一起,远远看去,像风铃一般挂在植株的顶端。太白贝母为了适应高山气候条件,叶子长成了细细长长的条带状,映衬着花朵,像是风铃上飘着的丝带,在风中摇曳生姿,仿佛要为大山奏乐。

太白贝母也称"太贝""秦贝",因产于秦岭太白山而得名,究其祖先,属于中药川贝母的一种。俗话说"一方水土养一方人",植物也不例外,野生的太白贝母仅生长于太白山海拔1800～3150米的山坡草丛中或水边,其他地方很难发现它的身影。由于它生存区域的狭窄性,也注定了它的稀有。如今,它在《中国生物多样性红色名录》中已被列为濒危物种,野生

资源濒临灭绝。

有人会有疑问，一株小草，即使是濒危了，甚至灭绝了，和我们又有多大关系呢？儿时经常吃的川贝枇杷止咳糖浆想必大家并不陌生，止咳效果立竿见影，其中主要成分之一就是贝母。贝母具有润肺止咳、化痰平喘、散结消肿等作用，临床广泛应用于肺热燥咳、肺阴虚等病症，民间将枇杷叶和贝母的根茎一起熬煮用来治疗咳嗽已有悠久的历史。现代研究认为太白贝母还具有抗菌、抗炎、镇静、镇痛、提升心血管活性、抗血小板聚集、溃疡愈合、抗肿瘤等现代药理学作用。如果这株小小的本草从此消失，人类将失去一味治愈伤病的良药，自然界也将失去一个拥有优良基因的物种。

新版的《国家重点保护野生植物名录》中，贝母属的野生植物全部榜上有名，被加以保护。值得欣慰的是，近年来，通过人们的不懈努力，太白贝母的栽培技术已取得了一定成效，太白县成了太白中药材之一太白贝母的主产区，所产的贝母因其品质优异、疗效独特而著称。

中药之美，源于自然之恩，凝聚着千百年来民族智慧的结晶；中药之妙，在于它能够自然地与人体相融合，达到治病强身之效。我们要保护秦岭生态环境，保护野生中药材植物资源，让它们为人类健康保驾护航。

贰·一举两得

杜仲

杜仲 *Eucommia ulmoides*

别名：思仲、胶木、丝绵皮、棉树皮、胶树

分类地位：被子植物门 Angiospermae

　　　　　杜仲科 Eucommiaceae

　　　　　杜仲属 *Eucommia*

分布地区：陕西、甘肃、河南、湖北、四川、云南、贵州、湖南、安徽、江西、广西、浙江等

▶ 会拉丝的树

　　盛夏七月，烈日炙烤着大地，今年的雨水似乎比往年更为慷慨，使得天气愈发闷热难耐。在城市的喧嚣中，即便是最好的空调也无法与大自然的清凉相比拟。正是在这样的酷暑中，秦岭山脉以其独有的清凉与宁静，成为人们向往的避暑胜地。山中潺潺的溪流清澈见底，成荫的树木郁郁葱葱，一旦投入大山的怀抱，内心的燥热便悄然平息。

　　驱车驶入山间，山路虽蜿蜒，但路面很平坦，加之司机师傅的驾驶技术过硬，路途

中虽有惊却无险。为了确保安全,中途适当休息是必不可少的,当车门被打开的那一刻,一股凉意扑面而来,让人几乎忘却了此时正处在一年当中最炎热的时节。

微风拂过,树叶沙沙作响,远处高大的杜仲树显得格外醒目。杜仲树因其树皮和树叶会拉丝而闻名,它的体貌特征我也早已熟记于胸。它的身高可达 20 多米,卵圆形的叶子格外油绿鲜亮,即使是在漫山的绿色植被中也能被一眼辨识。它粗糙的灰褐色树皮内蕴含着丰富的杜仲胶,是化工领域极为珍贵的原料。卓越的力学性能使得杜仲胶有了广阔的应用场景,小到体育器材,大到航空航天、国防军工都有它发光发热的身影。

杜仲树雌雄异株,雄株开雄花,无花被,花梗约 3 毫米,负责传播花粉;雌株开雌花,花梗约 1 厘米,负责结出果实。杜仲不仅性别分明,名字听起来也颇具人性。相传一位乡间医生用一种植物的叶子治好了村民的疾病,村民为纪念这位医生,就以他的名字命名了这种植物——"杜仲"。它的药用价值也因此流传开来。

杜仲树的入药部位是树皮,药性温和,具有补肝肾、强筋骨之效,据说长期服用还有抗衰老的作用。我国最早的药学著作《神农本草经》中便明确记载了杜仲的药效:"主腰脊疼,补中益精气,坚筋骨,强志,除阴下痒湿、小便余沥,久服轻

身耐老。"然而，杜仲的生长速度着实缓慢，需15年以上才能取皮入药。除树皮外，每年的春天，杜仲花开，味道清香独特的杜仲雄花茶是杜仲树送给人们的第一道享受，喝茶的同时还能增强免疫、抗疲劳、抗衰老、美容养颜。春分过后，杜仲叶初长成，采下泡茶，是杜仲给予人们的第二道茶香，睡前喝上一杯，还有减肥的功效。等到了丰收的秋天，杜仲果实成熟，果中含有丰富的亚麻酸以及杜仲胶，这是杜仲树赠予人们的秋日礼物。

　　杜仲树作为第四纪冰川运动遗留下的古老树种，喜温暖湿润的气候，耐寒性强，可人工栽培，偏爱阳光充足、土层深厚肥沃的土壤，秦岭南麓是它理想的生长地。一棵树选择了一座山，一座山包容着一棵树，生命在这里生生不息，年复一年，彼此成就，也为人类带来不同时节的礼物。人如草木，草木如人，定当彼此珍惜与爱护。

葛

葛 *Pueraria montana*

别名：葛藤、甘葛等

分类地位：被子植物门 Angiospermae

豆科 Leguminosae

葛属 *Pueraria*

分布地区：辽宁、河北、河南、山东、安徽、江苏、浙江、福建、台湾、广东、广西、江西、湖南、湖北、重庆、山西、陕西、甘肃等

▶ 香甜养胃羹

一场细雨过后，山里的植物翠绿欲滴，有了雨水的滋润，植物们都抓紧时机生长。路边的葛藤似乎又长了几寸，也缠绕得更紧实了些。

葛是一种生长迅速的植物，但它的名字却短到仅有一字。这一字的来历可不简单，它源于著名医学家的姓氏。相传东晋升平年间，医学家葛洪带领弟子云游四方，弟子在途中毒火攻心，生命危在旦夕，葛洪用一种青藤治好了弟子，并用此青藤为民众疗疮解

毒，治头痛中风，解民间疾苦。百姓为纪念葛洪救死扶伤的事迹，就用葛洪的姓氏命名了这种青藤。

葛是多年生草质藤本植物，藤条缠绕生长，错综复杂，除了自身相互纠缠以外，也喜欢攀附在其他植物上。它刚长出来的枝条很软，但有了一定生长年限的葛藤却非常结实，村里有人直接拿它当绳子用，既经济又环保。葛的抗逆性强，耐酸碱土壤，抗旱又耐寒，可用于改良土壤，被誉为"大地医生"，是维护生态环境的卫士。

野生的葛常生于山坡灌丛或路旁阴湿处。只要有土有水，葛便可肆意生长，葛花就能静静开放。葛是豆科植物，和大多数豆科植物一样，花为蝶形花，花开时像一群在绿草丛中翩翩起舞的蝴蝶，充满生机。花的颜色很随性，根据生长的土质环境不同，开花的时长不同，花的颜色从粉红色、蓝色到紫色，以及中间的过渡色，应有尽有，随机调和，你似乎很难找到两朵相同颜色的花朵。不过也不必担心把它认错，葛花旗瓣上有一抹标志性的黄色，亮眼的黄色在绿色的映衬下显得格外醒目，能让人一眼认出它。葛的叶子深绿宽大，每个叶柄上都有三片小叶，叶子的形状有卵圆形，也有三叉戟形。

葛最被人熟知的当数它的根了，葛根的功效常与人参媲美，素有"北人参，南葛根"的说法，不仅是因为它的形状长得像

人参，更是因为它的药用和食用价值也很出众。常见的葛根有两种，粉葛和野葛。粉葛含有较多的淀粉和多糖，将葛根中提取的葛粉放入碗中，用开水冲泡搅匀，一碗具有健脾、益气、生津功效且丝滑程度不输藕粉的香甜养胃羹便可呈现。再根据个人口味加入蜂蜜、果脯和自己喜欢的干果仁，纵享丝滑的同时也健脾养胃。野葛中淀粉较少，其药用功效更强。根中含有丰富的葛根素，能退热解肌，降血糖效果较为突出。据《本草纲目》记载，葛根味甘，性平，无毒，主治小儿腹泻。葛还有一个深受饮酒人士喜爱的功能，那就是解酒。民间还常采集葛花，晾干后泡水喝，当饮酒过量而浑身难受时，饮一杯葛花茶，可消解酒精对身体的伤害。虽有葛花解酒，但不要贪杯哦！

  葛身藏于草丛之中，又可根据环境改变花色。人生存于世间，既要像葛一样在任何环境下都能野蛮生长，也需韬光养晦不张扬。

薯蓣

薯蓣 *Dioscorea polystachya*
别名：山药、怀山药、淮山药、土薯、山薯、山芋、玉延等
分类地位：被子植物门 Angiospermae
　　　　　薯蓣科 Dioscoreaceae
　　　　　薯蓣属 *Dioscorea*
分布地区：河南、安徽、江苏、浙江、江西、福建、台湾、湖北、湖南、广东、贵州、云南北部、四川、甘肃东部和陕西南部等

## ▶ 既熟悉又陌生

每次进山，沿途总能偶遇山中采药人。今日所遇老翁，背上的背篓里收获颇丰，其中一根九曲十八弯的棍子引起了我们的注意，经仔细辨认是山药。据老人家说，他是为了自家老伴儿调理身体，一大早就进山寻药的，有幸寻得这根山药，如获至宝。他的这根山药表面凹凸不平，布满了毛须，形状更是曲里拐弯，与我们在超市中见到的光滑顺溜的山药判若两物。其实，这就是我们餐桌上的老朋友山药在野外生长的样子。

看到这根山药，突然记起上学那会儿闹的一个乌龙。书本上有种植物被称为薯蓣，这个名字我从来没有听过，仔细研读才发现，书中的薯蓣原来就是我们家中常吃的山药，而且薯蓣是山药的大名，我们常说的山药竟然是薯蓣的闺中小名。说起山药，无人不知，但说到薯蓣几乎就无人知晓了，刹那间，有种只记得儿时玩伴绰号，却不记得大名的感觉。

薯蓣是薯蓣科薯蓣属多年生藤本植物，一根长长的藤蔓如同飘逸的丝带在风中摇曳，心形的叶子在茎下部互生，在中上部对生。花序轴呈"之"字形，每年到了夏天，薯蓣就开出白色的小花，小花挂满藤蔓随风飘荡，授粉过后，三棱状扁圆形的果实便跃然枝头。秋天过完，果实彻底成熟，藤上心形的小叶子相继枯萎，地底下的根状茎也悄然变得粗壮。到了收获的季节，农民会小心翼翼地扒开松软肥沃的土壤，轻轻地取出薯蓣的块根。薯蓣的栽培历史已久，人工种植时所用的土壤都经过了药农认真地整理，去除了大石块，给予了充足的营养，因此长出的山药要比野生山药直溜得多，也光滑得多。挖出的山药经过简单清洗，去除表面的泥沙和毛须，就可以运往市场与消费者见面。

山药与红枣搭配煮粥食用，香甜绵软，健脾养胃，益气温补，被历代医家誉为"补脾之王""神仙之食"，尤其适合脾

胃虚弱的老人和小孩食用。山药与猪脚一起煲汤，常用来给刚分娩的女子滋补身体。逢年过节，山药泥淋上酸甜可口的果酱，又成了招待亲朋好友的一道佳品，一顿酒肉过后，既解腻又养胃。山药不仅可食用还可入药。据《神农本草经》记载："气味甘、平，无毒。主伤中，补虚羸，除寒热邪气，补中，益气力，长肌肉，强阴。久服耳目聪明，轻身，不饥，延年。"山药入药，最常见的功效则是健脾养胃，是从小就吃的常用药健胃消食片的成分之一。另外，山药中含有的黏多糖，不仅使山药有了独特的口感，还可以调节人体的免疫系统，具有消炎、抗肿瘤、抗病毒、抗衰老的作用。山药还可外敷，将生山药捣碎，敷在疮痂肿痛之处，很快就能消肿止痛。

山中良药，年复一年努力生长，为避开石子砂砾汲取营养，将自己长成凹凸扭曲的模样，但样貌再丑，也丝毫不会影响它作为美食与良药的作用。正是因为有了一代代农人不断的辛勤劳作，如今我们才不用背起背篓深入大山，也能吃到这山中良药，香甜薯蓣。

香榧

香榧 *Torreya grandis*
别名：香榧、赤果、果、玉榧、野极子等
分类地位：裸子植物门 Gymnospermae
　　　　　红豆杉科 Taxaceae
　　　　　榧属 *Torreya*
分布地区：浙江、安徽、福建、湖南等

▶ 三代同堂

树木的古老超乎我们的想象，寿命也不是人类所能企及。造物主让树木只能待在原地，却告诉了它们长寿的秘密。红豆杉科长寿的树种不仅仅只有红豆杉，香榧也是其中之一。香榧树的寿命可长达四五百年，果实成熟需要两年，连同枝头的干果一起即为三年的果实，三代同堂共挂同一枝头，也只有香榧树能做到。

香榧树是我国特有的古老树种，相传秦始皇于公元前210年东巡会稽时，品尝了榧果,觉得香脆可口,就询问当地人此树的名称。当地人称其为"榧子",秦始皇觉得此名不雅,于是就将"榧子"改名为"香榧"。香榧这个名字就这样流传了千年。香榧树生长了千年,其果实也被食用了千年。香榧果好吃,但生长不易,目前依然是稀有经济树种之一。香榧树喜温暖湿润的气候和肥沃的酸性土壤,多雾的溪流旁和直射光较少而散射光较多的山腰谷地是它理想的生长地。香榧树体生长缓慢,自然生长的香榧树需要十多年才能结果,人们通常用粗榧为砧木进行嫁接,使时间缩短到4~6年就能开花结果。其椭圆形的果实外壳十分坚硬,大小如枣,核如橄榄。成熟后果壳颜色为褐色,褪去果皮,露出里面的巧克力色的种子,再剥去种皮,即得美味香脆的香榧子。香榧子是我国古老的干果之一,苏东坡先生笔下的"彼美玉山果,粲为金盘实",道尽了香榧子味道之美。

香榧子不仅美味,还含有丰富的营养,素有"坚果之王"的美称。它富含蛋白质、膳食纤维和不饱和脂肪酸,不饱和脂肪酸含量高达70%以上。

香榧和红豆杉一样,同为第四纪冰川孑遗植物,是植物界又一著名的"活化石"。红豆杉中的成分能治病,享誉医药界;香榧在医药界也不甘示弱,同样也是一味名贵的中药材。香榧子药食同源,具有杀虫消积、润肺化痰、健脾补气、降血脂、祛瘀生津之功效。香榧中含有的内酯碱对淋巴细胞白血病、冠心病、恶性肿瘤、淋巴肉瘤有抑制作用,还能治疗和预防血管硬化。

香榧树的木材也很珍贵,香榧树干笔直,材质优良,质地致密,是做木雕艺术品的上好材料。

生活犹如香榧树,丰富多彩又包罗万象,兼容并蓄,自我成熟,在岁月中积淀。

酸角

酸角 *Tamarindus indica*

别名：罗望子、酸豆等

分类地位：被子植物门 Angiospermae

豆科 Leguminosae

酸豆属 *Tamarindus*

分布地区：云南、四川、广西、广东、海南、福建等

▶ 酸酸甜甜惹人笑

咦！豆角怎么长在了树上？我和我的小伙伴们发现了一棵挂满豆荚的大树，起初我还以为是皂角树，走近看才发现它与皂角树截然不同：光滑的树枝，没有皂角树长长的尖刺，圆滚滚的豆荚甚是可爱。仔细辨别，原来是酸角树。

酸角是豆科酸豆属木本植物，喜欢生活在光照充足的亚热带地区，主要生长在福建、广东、广西、四川、云南等地，我们能发现这么大一棵，实属难得。听村里上了年

纪的老人说，他们依稀记得，在他们小的时候这棵树就已经生长在这里了，它究竟活了多少年，就连他们也说不清楚。

酸角树喜欢光热，能够适应干旱炎热的环境，同时能够适应季风性气候。它在每年春夏之交开花，一整个夏天花都会陆续开放，等到这一树的繁花落尽，胖乎乎的酸角就会应运而生。起初小小的酸角并不会引起人们的注意，待到酸角长到手掌长度时，满树垂挂着的果实就像风铃一样随风摇摆，这时的酸角树就壮观起来。酸角树通常需要十年生长，十年开花，十年才能结果，想看到我们眼前这株足有二三十米高，有着满树挂果丰收景象的酸角树，也许需要等上百年之久。

成熟的酸角不由得让人垂涎欲滴。自然干燥的果荚很脆，轻轻一摁，饱满的红褐色果肉便破壳而出，尝一口，酸酸甜甜，余味悠长。吃酸角是一抹怀念，也是一份乐趣，如果吃到非常酸的，嘴里一阵酸水涌出，五官也随之"紧急集合"，做出扭曲的鬼脸儿，引得周围人哈哈大笑。酸角的含钙量很高，号称"果中钙王"，老人小孩儿都喜欢吃，孕妇也可以拿它来解馋。待到果实大量成熟时，人们会将酸角做成蜜饯或果酱，这样人们一年四季都能享用到美味的酸角了。

酸角的果实不仅好吃，亦可入药，有祛风和抗坏血病之功效。食用酸角可解酒也可解毒，还能杀死人体中的寄生虫。口

含酸角有生津祛暑、清热解毒、消除咽喉疼痛、帮助消化、洁齿固齿的作用。

酸角树全身是宝,既是药食同源的珍品,又有很大的经济价值。嫩枝是紫胶虫的优良宿主;根可治疗肺病和麻风病;叶、花、果内含有的酸性物质可做染料;树皮具有止血的功效;树干可制成优质家具,是优良的建筑材料。

酸角绝大部分处于野生和半野生状态,目前人工种植面积不大。能看到酸角树,吃到酸角,是意外之喜,是大自然款待人类的小零食,愿我们的子孙世世代代都能得到这份大自然的礼物。

玫瑰

遇见本草

玫瑰 *Rosa rugosa*

别名：徘徊花、笔头花、蓓蕾花、刺花

分类地位：被子植物门 Angiospermae

　　　　　蔷薇科 Rosaceae

　　　　　蔷薇属 *Rosa*

分布地区：我国华北、西北、西南等

▶ 爱情美食两不误

一说起玫瑰，"爱情"两个字立刻会从脑海里浮现，玫瑰代表爱情，已深入每一个青年男女的心中。玫瑰的花语是爱情、爱与美、容光焕发。但人们真的认识玫瑰吗？明代诗人徐渭笔下的诗句"画里看花不下楼，甜香已觉入清喉"形象地描写了玫瑰的香味，路边店铺里售卖的所谓玫瑰真的能有这般"入清喉"的甜香吗？

其实真正的玫瑰是蔷薇科蔷薇属植物，叶片呈褶皱状，无蜡质，枝条生刺多而密，一芽多花，一年只开一次，只有少数品种能多次开花。如果玫瑰的花枝被剪下，花朵不过半小时就会凋谢萎蔫，因此，根本不适合作鲜切花。而花店里一年四季都在售卖的玫瑰，叶片光滑，有油亮的蜡质，刺也不多，仔细闻闻似乎也没有那入清喉的甜香。真正的玫瑰花味道极香，近代爱国诗人秋瑾称玫瑰为"占得春光第一香"。那么有人会好奇，我们在花店里买到的玫瑰到底是什么植物呢？其实它是人们专门培育出的一类专供观赏的杂交月季品种，一年可以多次开花，单次开花花期也非常长，花朵大而鲜艳。经过人工培育的月季花，花朵甚至有碗口大小，但不及真正的玫瑰花香。姑娘小伙儿会借玫瑰之名表达爱意，殊不知，传递的可能是月季。

玫瑰的栽培历史在中国可以追溯到2000多年前的汉代。古人种植玫瑰，可不仅仅为了青年男女传递爱意，它是我国又一个拥有悠久历史的药食同源植物。据《中国药典》记载，玫瑰花蕾性温味甘，具有调经活血、镇静安神、健脾养胃以及治疗跌打损伤等功效。玫瑰花中含有蛋白质、氨基酸、糖分、维生素C、粗纤维、多酚类、黄酮类、多糖类等300多种成分，具有减少和消除自由基、抗氧化、抗血栓、抗癌、抗炎、抗菌、调节免疫、降血脂和预防心脏病的作用，主治月经不调、跌打损伤、肝气胃痛，乳痈肿痛等症。此外，玫瑰还可用于提取玫

瑰精油，制作玫瑰花茶、玫瑰花酒、玫瑰花酱等。通过蒸馏技术提取出玫瑰花中的芳香性油脂制成的玫瑰精油，有舒缓情绪的作用，能够辅助治疗抑郁症。玫瑰花阴干制茶，花香浓郁，女性多饮玫瑰花茶，气色如玫瑰般红润。用油酥面包上香甜可口的玫瑰花酱，制成玫瑰花饼，上烤箱烤制，还未出锅，就已十里飘香。

玫瑰的香气，沁人心脾，闻过就很难再忘记，世人总借玫瑰之名抒发美好的情感。南宋诗人杨万里的《红玫瑰》中，"非关月季姓名同，不与蔷薇谱谍通。接叶连枝千万绿，一花两色浅深红。风流各自燕支格，雨露何私造化功？别有国香收不得，诗人熏入水沉中。"道出了玫瑰的浪漫。

玫瑰可食用可药用，一口花香一口茶，独自馥郁起芳华。愿世间的爱被传递，美味被传递，健康也被传递。

紫苏

68

紫苏 *Perilla frutescens*

别名：桂荏、白苏、赤苏、红苏、黑苏、白紫苏、青苏、苏麻、水升麻等

分类地位：被子植物门 Angiospermae

　　　　　唇形科 Labiatae

　　　　　紫苏属 *Perilla*

分布地区：全国广泛分布

▶ 正反亦不同

　　山中的本草除了治病救人，很多都可以食用，紫苏就是其中之一。提起紫苏这个名字，人们可能不太熟悉，但也许你已见过甚至吃过，只是没留意罢了。摆盘精致的菜肴里，装饰在盘边紫绿相间的叶子，通常就是紫苏叶；刚出炉的烤肉，用紫苏叶包裹，一起送入口中，别有一番滋味。

　　紫苏为唇形科紫苏属植物，叶片呈心形，边缘有锯齿状。叶片多数为一面绿一面紫，两种截然不同的颜色呈现在同一片叶片上，

是大自然的杰作。也正是因为多了这一抹深邃的紫色，这种植物就有了形象的名字——紫苏。夏季来临，紫苏会开出淡紫色的小花，花冠高高翘起，雌蕊伸出花冠，像是双唇中吐出的小舌头，俏皮地做着鬼脸。

紫苏叶散发着迷人的香气，花的香味更浓，那独特的香气远远就能闻到。紫苏常作为香料植物深受大众的喜爱，食用价值非常高。用它烧鱼，不但能去除鱼腥味，还能激发出河鲜本身的鲜味，美味的紫苏干烧鱼是众多食客的最爱；百合炒羊肉更是一绝，羊肉的鲜和紫苏的香，相互呼应，又相得益彰，让人垂涎欲滴；紫苏与蟹同食，不但能增香提鲜，还能解鱼蟹之毒。农家的房前屋后总能看到它的身影，顺手采上一把，洗净入菜，美味的同时兼具保健功能。

紫苏除了可食用，亦是优良的中草药。相传，古代有个村庄，村民集体中毒，幸好华佗路过这个村庄，用一种紫色的草救了村民的性命，这个紫色的草便是紫苏，因此它又得名"神仙草"。《本草汇言》中记载，紫苏具有解表散寒、行气宽中、安胎等功效，主治风寒感冒、胸闷呕吐、胎动不安等症状。紫苏入药以茎、叶和籽为主，叶可发汗、镇咳、健胃、利尿，有镇痛、镇静、解毒作用，还对鱼蟹中毒之腹痛、呕吐卓有成效；紫苏叶中还富含胡萝卜素、维生素C，有增强人体免疫力的功能。

茎有平气安胎之功。紫苏籽有镇咳、祛痰、平喘、提神醒脑之效。紫苏一株出三药，药效各不同。紫苏不仅是药食同源植物，还有其他用途，它所含有的活性抗衰老物质SOD（超氧化物歧化酶）加入护肤品中，有延缓衰老的作用，深受爱美人士喜爱。香气四溢的紫苏籽油，除了可供食用，还可用于工业防腐。

秦岭山中，每一种植物都散发着迷人的魅力，香飘四溢又作用非凡的紫苏，在这里静静地繁衍生息，春去秋来，生生不息。它能锦上添花，为食材增色，也能防患于未然，解毒、驱寒、防感冒，亦能为人们的美贡献自己的能量。

魔芋

魔芋 *Amorphophallus konijac*

别名：蒟蒻、蒻头、鬼芋、花梗莲、虎掌等

分类地位：被子植物门 Angiospermae

　　　　　天南星科 Araceae

　　　　　魔芋属 *Amorphophallus*

分布地区：云南、贵州、四川、陕西南部和湖北西部等

▶ 魔法变身

秦岭山中，有不一样的风景；山中人家，有不一样的烟火。每年的秋季，当山里的农家升起袅袅炊烟，他们可能在烹制一种特殊的食材。这种食材长得其貌不扬，像土疙瘩，甚至还有毒，尤其是不小心碰到它的汁液，皮肤还会过敏。人家一定猜到了，它就是魔芋。如果有人还不知晓魔芋，去餐馆时，点一份魔芋豆腐，清爽弹润的口感一定会惊艳到你。还有香辣魔芋、魔芋炒肉丝、魔芋爽，更是令人垂涎欲滴。

魔芋是天南星科魔芋属多年生草本植物，秦岭山中不少地方都有种植。光滑粗壮的叶柄撑起宽阔的大叶子，向四周平行散开，像一把把宽大的雨伞，整齐地排列在地上。每到夏季来临，魔芋就会从地下伸出一根长长的杆，这根杆子的顶端举着一把"火炬"。这把"火炬"会在某个黄昏过后，猝不及防地张开，展露出天南星科独特的佛焰花序。外面的那层是它的苞片，褐红色略带斑点的样子，总会给人一种腐败的感觉。这吓人的苞片保护着中间一根像长矛一样的花序，花序直指天空，从上到下依次串联了花的附属器、雄花和雌花。魔芋花通常在夜间开放，没有香味，也无须招蜂引蝶，闻上去甚至还有一种腐臭的气味。原来，这种气味是吸引食腐的昆虫前来光顾的。一时间脑海里想象出一群恼人的苍蝇和飞虫围着一朵长相怪异且散发恶臭的花朵上下纷飞的画面，这是一幕多么令人不悦的场景啊！想到这里，不禁疑惑，第一个吃魔芋的人是谁？这个人要鼓足多大的勇气去尝试下咽啊！

这种魔性的植物，地上部分不可食，地下扁球形的块茎才是可食部分。块茎凹凸不平的表皮沾满了泥土，使它看起来就像个土疙瘩。清除掉表层的泥土，一颗皱巴巴的块茎显露出来，小心地削去表皮，切开来里面是富含淀粉的白色块茎。将块茎磨成浆，滤掉多余残渣，再加入碱性物质上锅蒸煮，以去除魔

芋汁水中的毒性。边煮边搅拌，熟透晾凉之后就成了美味的魔芋豆腐。至此，身怀剧毒的魔芋实现魔法变身，再经过进一步烹饪，成为人们餐桌上的美食。

魔芋除了可以食用，还具有药用价值，可活血化瘀，解毒消肿、宽肠通便，并且能降血压、降血糖，主治便秘腹痛、咽喉肿痛、牙龈肿痛等症。魔芋中含有的葡甘露聚糖成分具有强大的锁水膨胀能力，人摄入后会有很强的饱腹感，热量又非常低，是不伤身体的减肥食材。现代工艺制成的魔芋凝胶，进入人体后，会在消化道表面形成保护膜，阻止有害物质的吸收。魔芋中含有天然的抗生素，可作为食品添加剂，延长食物的贮存时间，起到保鲜防腐的作用。

小小魔芋，虽长相怪异，且身怀毒性，一旦魔法变身，终将大有用途。

银杏

银杏 *Ginkgo biloba*

别名：白果、公孙树、鸭脚树、蒲扇等

分类地位：裸子植物门 Gymnospermae

　　　　　银杏科 Ginkgoaceae

　　　　　银杏属 *Ginkgo*

分布地区：我国大部分地区有栽种

## ▶ 千年活化石

　　秋意渐浓，人们纷纷穿上了秋装，路边的行道树也披上了各色的彩装。最为醒目的则是有着"千年活化石"之称的银杏树。城市的行道旁、公园里、小区内，总会有它高大的身影，一袭黄袍加身，装点着城市的辉煌。秋风拂过，扇形的叶子打着旋儿轻轻地飘落，犹如阳光下翩翩起舞的蝴蝶，飞累了，落在草坪上停歇。

　　秋天是植物果实成熟后走向凋零的季节，生命渐渐消散，走向下一个轮回。而对于银杏来说,这个季节却是它的颜值巅峰时刻,亮眼的黄色是它给凋敝的深秋带来的最大喜悦,它的明媚也点亮了人们对来年的憧憬与希望。

古老的银杏树是第四纪冰川运动后遗留下来的孑遗植物,是记录地球轮转的活化石,浅灰色粗糙的树皮见证着年复一年的轮回。银杏树生长很缓慢,寿命也很长,是树中的老寿星,民间有"爷爷种树孙食果"的说法,因此又有人把它称作"公孙树"。仔细观察城市中的银杏树你会发现,有的结银杏果,有的却不结;同一片林木,有的落叶早,有的落叶晚。为什么会有两种形态的银杏树呢?那是因为银杏是雌雄异株植物,只有雌株才能结出银杏果,雄株则不结。当雌株孕育着银杏果,树木的营养源源不断地供给种子,秋日时节银杏果挂满了枝头,母体已经没有过多的营养供应给叶子了,叶子就会先落下。这就是母亲的伟大之处,不惜牺牲自己,也要极尽可能把有限的营养供给后代。银杏是裸子植物中唯一的落叶乔木,银杏果的形状如同缩小版的杏子,表面有一层疏水层,当成熟落入水中,就会泛出银色的光泽,故名银杏。

银杏果成熟后,人间又多了一道美味——剥去最外层的肉质层,去掉核皮,只留下最里面的种仁,这就是俗称的"白果仁"。白果仁煮粥口感软糯香甜,还有益元气、补五脏、抗衰老之功效。将白果仁焯水备用，白糖熬制融化起泡后，放入白果仁继续翻炒，直至能拉出长长的糖丝。这道色如琥珀、甜糯爽口的美食名为糖丝白果，想必没有人能抵挡它的诱惑。将白果仁蒸熟，压制成泥，调入香甜的蜂蜜、桂花，制成的传统美食白果糕，是走亲访友极佳的伴手礼。需要注意的是，白果仁中除含有钙、钾、磷等多种有益于人体的微量元素，还含有少量名为氢氰酸的有毒物质。美食好吃，切不可贪嘴。

银杏果入药已有千年历史，明代李时珍《本草纲目》中有记载："银杏熟食温肺益气，定喘嗽，缩小便，止白浊；生食降痰消毒、杀虫。"可治哮喘、白浊、淋病等病症。此外，银杏叶中含有的黄酮醇和银杏双黄酮，具有降低血清胆固醇的能力，银杏树皮中含有的生物碱具有收缩血管的作用。

经过了亿万年的风霜雨雪、地质变迁，扛过了第四纪冰川时代，银杏树依然屹立不倒，它的存活无疑是幸运的，我们能享受到它带给我们的福音无疑也是幸运的。呵护这古老的物种，也是在保护人类自己。

# 金银花

金银花 *Lonicera japonica*

别名：忍冬、金银藤、银藤、鸳鸯藤、二宝藤、右转藤、龙须翁等

分类地位：被子植物门 Angiospermae

忍冬科 Caprifoliaceae

忍冬属 *Lonicera*

分布地区：全国广泛分布，主要种植于山东、陕西、河南、河北、湖北、江西、广东等地

▶ 双生姐妹花

春夏之交的农家小院里总是很热闹，月季正开得灿烂，红的、黄的，各色花朵争奇斗艳。清晨，露珠的点缀显得花儿们越发娇艳。清新淡雅的金银花在一众娇艳的花朵中显得尤为特别。金银花是人们在农家小院的房前屋后很喜欢种植的一种绿化植物，它是藤本植物，不用特意为它开辟场地，种在篱笆旁边的夹缝中，便可长得花繁叶茂，藤蔓横生。

金银花为忍冬科忍冬属多年生藤本植

物。通常一蒂开双花，初开为白色，一两天后就会转为黄色，因此得名金银花。关于金银花的名字，还有一个美丽的传说。相传有一对夫妻，喜添一对双胞胎女儿，便给她们取名为金花和银花。金花和银花在父母的呵护下茁壮成长，有一年，村里突发瘟疫，金花、银花历尽艰辛为村民们采来草药，顺利化解瘟疫，使得村民们得以康复。大家为了纪念姐妹两人为村民们做的贡献，便为这种草药取名"金银花"。

"天地氤氲夏日长，金银两宝结鸳鸯。山盟不以风霜改，处处同心岁岁香。" 诗人笔下的金银花真是又美又香。金银花盛开在夏季，开花时气味清香淡雅，被誉为"夏季第一花"。花开放时，像是张开了的双唇。花被中吐出长长的花丝，向上翘起的是雄蕊，向下垂生的是雌蕊。花初开白色，渐变转黄，花藤之上黄白相映，甚是可爱。花开成双，叶子也不例外，也是成对生长，卵圆形的叶子着生在茎的两侧，映衬着花的娇媚。花未绽放时，花蕾呈棒状，上粗下细，外面着生柔软而致密的短绒毛，这时食用最宜。

金银花入药历史悠久，自古以来就被视为清热解毒的良药。金银花含有挥发油、黄酮、有机酸、皂苷等多种化学成分，能抗病原微生物、抗炎、增强免疫力、有着"中药抗生素"之称，能治疗呼吸道感染、急性泌尿系统感染等病症。我们熟知的感冒药"维C银翘片"中的"银"指的就是金银花,而银翘解毒片、银黄片这些家庭常备药,金银花也在其中发挥了重要的作用。

除了花可入药以外,得了小儿湿疹、皮肤瘙痒等症,用金银花藤煲水后擦洗患处,也能起到缓解和治疗作用。在生活中,有人经常牙龈红肿、咽喉肿痛,俗称"上火",喝下一杯用金银花泡的茶,火气就被这杯茶浇灭了。常喝金银花茶,渐渐的,易上火的毛病也不再有了。金银花带给人们的清凉可不止于此,夏天必备神器——花露水中也有它的身影,一丝清凉、一丝芳香,驱散夏日的暑气,蚊虫也不敢近身,这是夏季第一花——金银花带给人们的清凉与守护。

一蒂双花,不离不弃;金银变换,相得益彰。作为药物,它为人们驱除病痛;作为食物,它让人们享受清凉茶饮。

## 叁·双面天使

# 乌头

乌头 *Aconitum carmichaelii*

别名：草乌、断肠草、乌药、盐乌头、鹅儿花、铁花、五毒

分类地位：被子植物门 Angiospermae

　　　　　毛茛科 Ranunculaceae

　　　　　乌头属 *Aconitum*

分布地区：陕西、河南、云南、四川、湖北、贵州、湖南、广西、广东、江西、浙江、江苏、安徽、山东、辽宁等

▶ 大补的毒药

自然界中，美艳背后往往暗藏危险：颜色鲜艳的蘑菇通常有毒，颜色艳丽的花朵有时也是绵里藏针。乌头花便是其中之一。盛夏时节，秦岭山中一抹妖艳的蓝色在一众花海中显得格外引人注目。那蓝色是如此的深邃，迷人，让人看到不禁想采摘下来，据为己有。但千万别急着动手，它可是美艳却身怀剧毒的植物。乌头之毒在于其身含乌头碱，乌头碱入口 0.2 毫克即可中毒，3～5 毫克即可致死，中毒表现为口舌及四肢麻木、全

87

身紧束感。因此山中若见乌头只可远观，万不可亵玩焉。

相传在古代，乌头常被用来制作毒箭。中了涂了乌头的毒箭，连棕熊也跑不了多远就会倒地身亡，可见乌头之毒的猛烈。关羽在战斗时所中的毒箭就是由乌头制成，毒箭虽未伤及要害，箭上的毒性却足以深入骨髓。幸亏华佗的精湛医术和关羽的坚强意志，才有了关羽刮骨疗毒的历史故事。《国语·晋语》《汉书·外戚传》和《新唐书·武士彟传》中都有对乌头毒性的记载，乌头含大毒，是从古至今的"明星"植物。不过，药毒是一家，往往毒性越大，药性就越猛，乌头在传统医药里有多种用途。

乌头属植物种类多达十余种，秦岭山中的乌头，在不同的海拔有不同的种类，太白乌头、瓜叶乌头、松潘乌头等，各具特色，各个美艳动人，但数量稀少，均为国家保护植物。乌头在药材中分为乌头和附子，地下主根为乌头，主根每年秋冬季会分株，分出来的子根称为附子。中药中的乌头和附子来自同一种植物，入药都需炮制，才能脱毒并发挥其药性。炮制乌头和附子是一件极为考验耐心和技术的工作，药工需有多年药物炮制经验才能胜任，炮制过程也要格外当心，避免中毒。

乌头入药，主治风寒湿痹，中风瘫痪、破伤风、头风等症。附子入药，性大热，有补火助阳、逐风寒湿邪之功效，治疗阴盛格阳、心腹冷痛、脚气水肿、小儿慢惊、风寒湿痹等症。乌

头也被一些地方的人用来冬季进补、祛风散寒。据说炮制后的乌头，一口咬下去，会觉得舌唇发麻，再喝一口姜汤，几分钟后就会感到胃里发热，很快全身都会变得火热，即便身处冬天，也会感觉就像在七八月。每年都会有服用乌头中毒身亡的报道，有炮制过程处理不当的原因，也有个人体质原因。口舌发麻、身体发热这种体感，本身就是一种轻微中毒症状。

　　吃了未经炮制或炮制不当的乌头，轻则身感不适，重则就会一命呜呼。珍爱生命，切勿自行采挖和服用乌头，要想使其发挥治病救人的一面，还是要请专业的医生来帮忙。

马兜铃

马兜铃 *Aristolochia debilis*

别名: 水马香果、蛇参果、三百银药、秋木香罐、青木香、天仙藤、兜铃根、独行根

分类地位: 被子植物门 Angiospermae
马兜铃科 Aristolochiaceae
马兜铃属 *Aristolochia*

分布地区: 陕西、河南、山东以及南方各省广泛分布

▶ 铃儿响叮当

一篇来自权威医学期刊 Science Translation Medicine 的封面文章吓坏了国人,大概内容是说,服用含有马兜铃酸的药物,是中国人患肝癌的罪魁祸首之一。在秦岭诸多本草中,有一种富含马兜铃酸的植物,就是马兜铃本尊。

马兜铃是马兜铃科马兜铃属草本植物,叶呈卵状三角形、卵形、心形或戟形,根圆柱形,茎有特殊的腐肉气味,花也会散发出奇特的气味。它的花,外观与常见的花朵截

然不同，檐部一侧延伸成舌片状的花瓣，中间有一个长满倒纤毛的管状结构，看起来像是一把大铲子。没有鲜艳的颜色，马兜铃的花只能靠特殊的气味来吸引授粉者。这种特别的气味是蝇虫的最爱，当丽蝇科昆虫飞来，就能轻松地接触到底部的柱头，吸食花蜜的同时，也完成了传粉。除蝴蝶以外，它也会吸引其他有着独特口味的昆虫前来。当马兜铃开花时，花基部的空腔处味道最浓，空腔里细管状的结构长满了向内的毛，昆虫进入容易出去难，挣扎逃跑的过程也帮助马兜铃的花完成了授粉。当马兜铃花完成授粉后，就会结出像铃铛一样的果实，果实成熟后的形状像是挂在马儿脖间的响铃，故名马兜铃。

马兜铃喜欢光照，也耐得了阴寒，适应能力非常强，遇到寒冷干旱的天气也依然能坚强存活，常生于海拔 200~1500 米的山谷、沟边、路旁阴湿处及山坡灌丛中。它的果实造型奇特，常常作为垂直绿化材料使用，如果有一天你在路边或是花园里看到了一个个像小布兜一样的果实，那便是植物界的小铃铛——马兜铃了。

据《本草正义》记载："宣肺之药，紫菀微温，兜铃微清，皆能疏通壅滞，止嗽化痰，似此二者，有一温一清之分，宜辨寒嗽热嗽、寒喘热喘主治。"在古代，马兜铃的果实可入药，有清肺降气、止咳平喘、清肠消痔的功效。以前很多药方中都

含有马兜铃，但随着现代医学的进步，研究方法的多样，科学家们发现马兜铃科植物中含有的马兜铃酸对肝肾有毒性，且毒性代谢时间漫长，有致癌风险。因此在最新版的《中国药典》中，马兜铃已被删除，不再作为药物使用。

万物生长，存在即合理。希望科研工作者能摸清马兜铃的毒性机理，或许有一天它另有大用处。

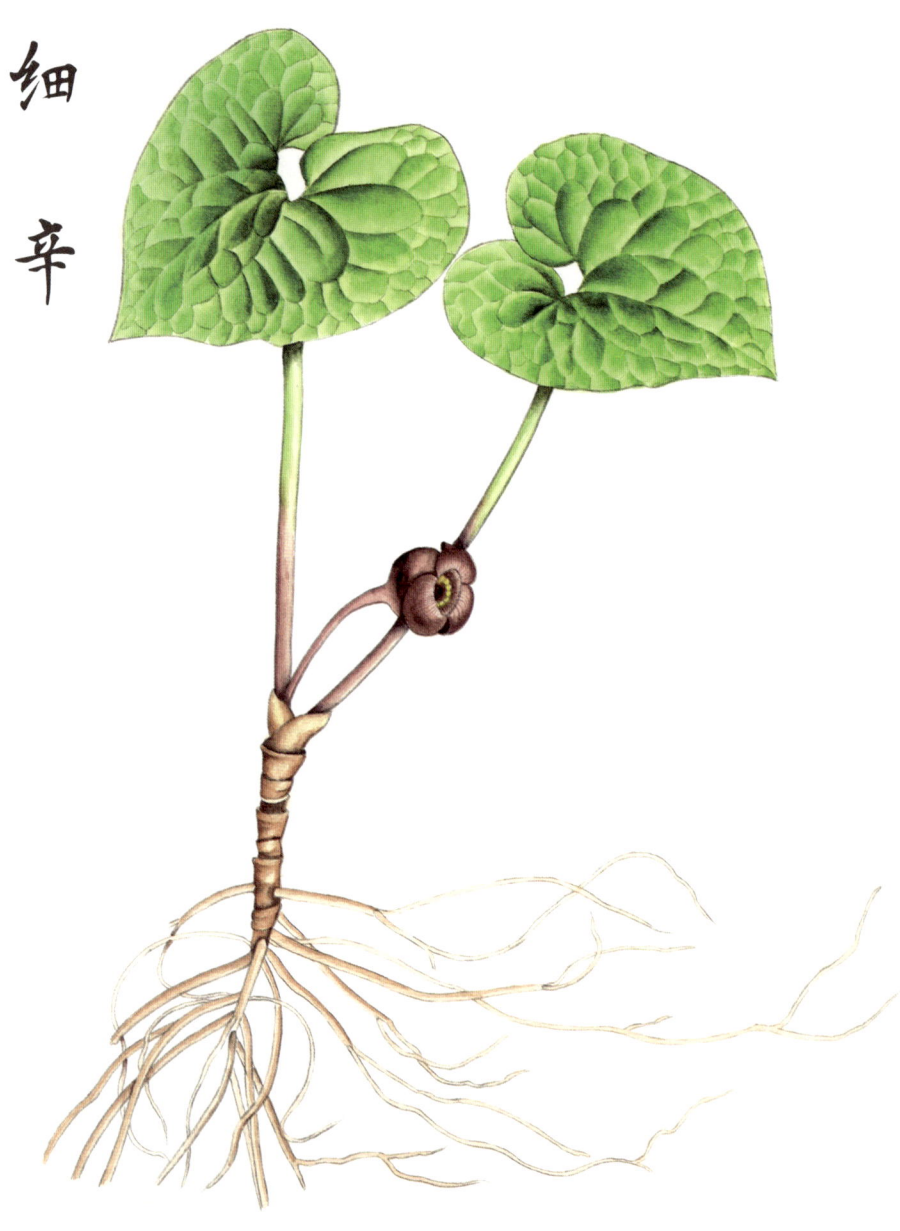

细辛

细辛 *Asarum heterotropoides*

别名：华细辛、白细辛、小辛、少辛、盆草

分类地位：被子植物门 Angiospermae

　　　　　马兜铃科 Aristolochiaceae

　　　　　细辛属 *Asarum*

分布地区：陕西、河南、山东、辽宁、云南、四川、湖北、贵州、湖南、广西、广东、江西、浙江、江苏、安徽等

▶ 细辛需细心

每次进山都会有不一样的发现，脚下的本草随处可见，山中五颜六色的小花开得欢实，但总有一些植物不露锋芒，静静地开花，细辛就是如此。细辛的花朵着生在根状茎上，贴近地面生长，扒开地表的叶子，才会露出不起眼的紫褐色花朵。那不出挑的颜色，不仔细看就很难发现，观察细辛需细心！细辛的花呈筒状，前端裂成三瓣，像张开的铃铛。有这样的特征，它定是马兜铃科家族中的一员。细辛的叶也很有意思，通常只有两片，

两片心形的叶子左右呼应，像是在比心。

细辛有毒，《本草别说》记载："细辛，若单用末，不可过半钱匕，多即气闷塞不通者死。"在古代它是被列为大毒的药物，用量不可超过半钱，一旦超过就有可能致死。细辛之毒，是否真如医书所说的如此猛烈呢？《神农本草经》中描述："细辛，味辛，温，主咳逆，头痛，脑动，百节拘挛，风湿痹痛，死肌。久服明目，利九窍，轻身长年。"这里描述的细辛不仅无毒，还位列上品，久服可明目、轻身长寿。再看《本草纲目》中描述："细辛，辛，温，无毒……辛温能散，故诸风寒、风湿头痛、痰饮、胸中滞气、惊痫者，宜用之。"因此，细辛毒性如何，还有待考证。

究其毒性，细辛中含有的挥发性成分黄樟醚可能是主要毒性成分，这种成分具有一定的呼吸麻痹作用，且对肝脏及肾脏有毒性。但黄樟醚不仅容易挥发，而且不耐高温，细辛若入药，经过30分钟的煎煮，黄樟醚就已经所剩无几了。另外就得归咎于细辛所处的大家族马兜铃科了，这个科的植物普遍含有马兜铃酸，医学界目前认为马兜铃酸是一类致癌物。细辛虽含马兜铃酸，但含量微乎其微，它是《中国药典》中仅存的一味马兜铃科的中药。

细辛主要以根部入药，主治风寒感冒、风冷头痛、齿痛、

痰饮咳逆、风湿痹痛。细辛也是《伤寒论》中小青龙汤的主要组成部分。细辛除内服以外，取细辛粉末少许，吹入鼻中可治疗鼻息肉、鼻塞不通等症。有古籍记载，细辛外敷可治疗皮肤病白癜风。依据古方，白癜风病人有了新的希望。以细辛入药的方剂在古代医书中比比皆是，从古至今被广泛使用。

由于长期以来的采挖利用，如今，野生道地药材细辛已经不多见了。受秦岭大山的庇护，细辛在这里能自在地生长，你若细心，你的脚下也许就会发现细辛的身影。

# 半夏

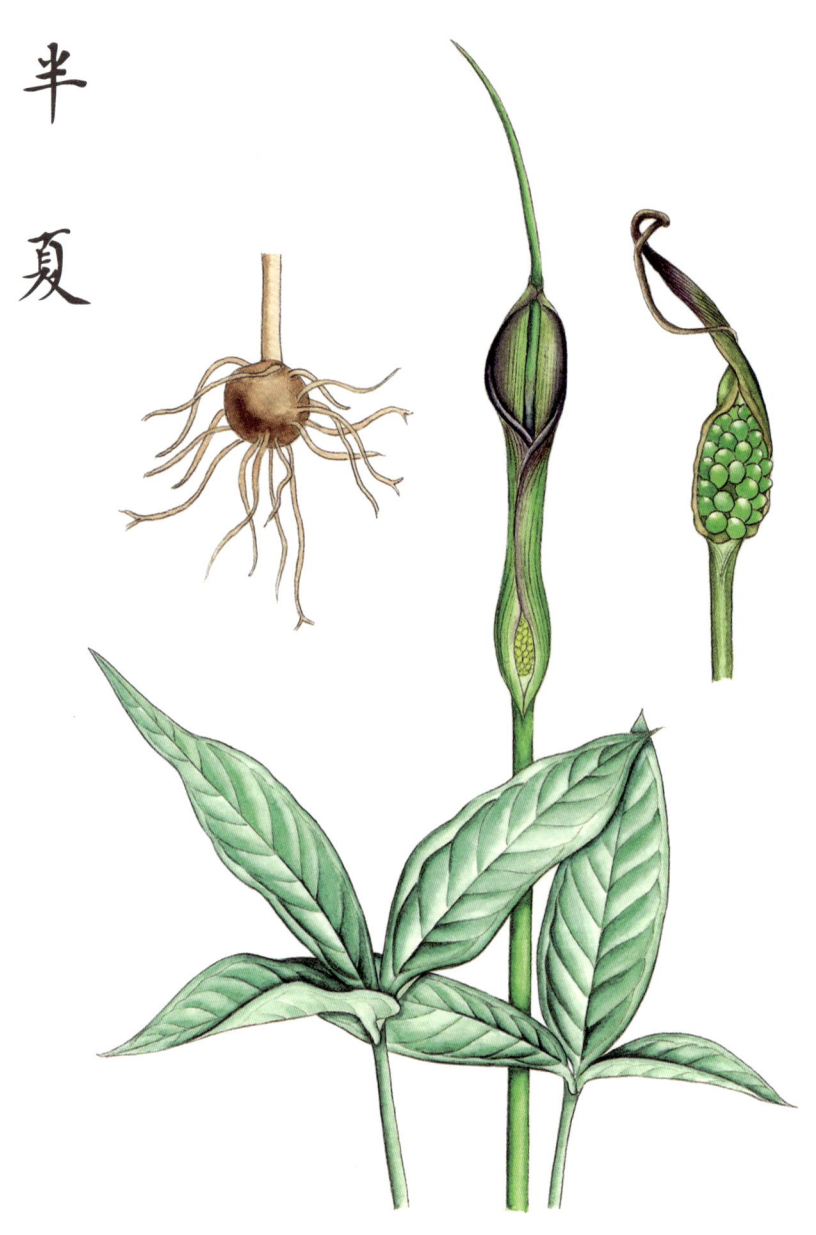

半夏 *Pinellia ternata*

别名：地文、守田、蝎子草、麻芋果、三步跳、和姑

分类地位：被子植物门 Angiospermae

　　　　　天南星科 Araceae

　　　　　半夏属 *Pinellia*

分布地区：我国除内蒙古、新疆、青海、西藏未见野生外，其余各省区均有分布，野生资源主要集中在四川、陕西、湖北、安徽、云南和贵州等

▶ 走过一半的夏天

五月，漫步在秦岭深山，观赏色彩斑斓的花朵，简直妙哉！半夏在溪畔抽着绿芽，招摇着向林中的其他花草打招呼，高举着天南星科植物独有的佛焰花序，昭示着山林即将进入夏天。半夏的佛焰苞是清新的绿色，里面精心呵护着成簇的黄绿色小浆果。清新迷人的半夏摇曳着身姿，挥舞着掌形的叶片，仿佛在欢迎前来探望它的人。

半夏之名，源于《礼记·月令》中的"五月半夏生，盖当夏之半也"。意思是农历的

99

五月时节，半夏作为中草药就可以被采收了，这个时间夏天才过了一半，所以得名半夏。此名对于这棵只能度过一半夏天的本草来说，再贴切不过了。半夏害怕强光，喜欢在树影婆娑的林下生长，一根长长的叶柄支起三片标志性的大叶子，使它在草丛中显得格外出众。如果有幸在山中遇到它，即使在满眼的绿色植物中也不难辨认出。半夏的花雌雄同株，雌花与佛焰苞贴生，肉穗花序细细长长，就像是被佛焰苞包在襁褓中的婴儿，无论遇到怎样的风吹雨打，花序在佛焰苞中都能安然无恙，直至小浆果的颜色由黄绿转红，果实宣告成熟，佛焰苞才完成它的使命。

半夏是一味常用中药材，作为天南星科植物中的一员，含有毒性自然是它的特点。树林中的半夏，别看它长得既别致又柔弱，但全株都有毒，尤其块茎毒性最大。如果误食半夏，轻者舌麻喉刺，重者直接中毒死亡。这是半夏中的草酸钙针晶及其凝集素蛋白在作祟，草酸钙针晶通过机械压力和黏液细胞的作用力刺入黏膜，引起刺激性反应；草酸钙针晶上还会附着半夏凝集素蛋白，这种蛋白会随着草酸钙针晶一并进入人体。这些物质一旦进入体内，就会引起身体一系列的炎症反应，随之而来的是身体的各种不适。若想轻松舒适地享受大自然，在野外还是不要轻易尝试为好。

半夏虽有毒，但在大夫手中就会变成另外一副模样。中医讲究炮制祛毒，炮制旨在去除药物本身的毒性，提高有效成分的含量。半夏经过不同的炮制方法，摇身一变就成了中药法半夏、姜半夏和清半夏，各司其职，各有用途。半夏入药已有2000多年的历史，古籍中记载："半夏主伤寒寒热，心下坚，下气，喉咽肿痛，头眩，胸胀，咳逆，肠鸣，止汗。"因此半夏具有燥湿化痰、降逆止呕、消痞散结的功效，是一味医家常用药。

现代医学研究表明，半夏含生物碱、有机酸、挥发油等化学成分，对人体能起到镇咳祛痰、止吐、抗癌、抗心律失常的功效。世间万物都有其两面性，合理运用，规避坏的一面，将好的一面发挥出来，才是中医中药发展之道。

# 漆 树

漆树 *Toxicodendron vernicifluum*

别名：干漆、大木漆、小木漆、山漆、植苴、瞎妮子

分类地位：被子植物门 Angiospermae

　　　　　漆树科 Anacardiaceae

　　　　　漆树属 *Toxicodendron*

分布地区：除黑龙江、吉林、内蒙古和新疆外，其余各省区均有分布

▶ 千年的璀璨

说到漆树，很多人会谈"漆"色变，一旦接触到漆树的汁液，多数人会出现灼热、肿胀、奇痒难忍甚至呼吸困难的症状，严重时甚至会危及生命。这是因为漆树中含有一种名为漆酚的成分，会引发人体产生严重的过敏反应。但说到漆器，脑海里就会不由得浮现出黝黑发亮，点缀着精美螺钿，象征着中华千年璀璨艺术的工艺作品。生漆有毒，用生漆制成的漆器作品却熠熠生辉，这是大自然的神奇之处，也是能工巧匠的智慧结晶。

103

漆树最大的特点就是能产生漆，匠人将漆树的树皮划开，一滴滴的漆树汁液随着伤口流出，经过氧化变成黝黑的生漆。生漆涂在木制的工艺品、家具、建筑表面，能确保木材黝黑光亮，千年不腐。"斫取凝脂似泪珠，青柯才好叶先枯。一生膏血供人尽，涓滴还留自润无。"施闰章的《漆树叹》道出了漆树的应用价值，生漆对木制品的保护能力就连现代先进的化工技术制成的涂料都望尘莫及。木料涂上生漆，便造就了集实用和艺术于一身的漆器。北京的景泰蓝、江西景德镇的瓷器、福建福州的脱胎漆器，皆为古人艺术的结晶。

今天我们一起去秦岭山上看漆树，领略漆器原始的模样。漆树是漆树科漆树属落叶乔木，树皮为灰白色，表面粗糙，小枝粗壮，顶芽大而明显。叶柄上覆盖着一层细小的柔毛，羽毛状的复叶交互生长在叶柄上。每到开花时节，漆树的花挣脱花被，黄绿色的圆锥花序像一支硕大的毛笔挂在枝叶间，稀稀疏疏随风飘摇。等到花谢，外果皮黄绿色的椭圆形果实就会长出，像一串串青涩的葡萄挂满枝头，散发着碧玉的光芒。值得一提的是，天气渐凉，漆树的叶子由绿转红，那时的它将载着一树火红的树叶，成为秦岭山上最亮眼的树。

漆树常生长在秦岭海拔800~2500米的南坡，因为喜欢温暖湿润的气候，通常生长在温暖向阳的坡地。漆树对土壤条件

要求不高，无论是在灰质砂岩的土壤、还是黄棕土壤上均可生长。漆树虽毒，但全身是宝，从树皮中取出的生漆，可用于油漆木制建筑物、家具，制作华丽的漆器；种子榨出的油脂可制油墨；果皮可取蜡，是制作蜡烛、蜡纸的好材料；树叶可提取树胶；就连树根也可制成杀虫剂；被割过生漆的树干也是建筑好材料，可百年不腐，不怕虫蛀。

生漆作为药材有着悠久的历史，据《本草纲目》记载，干漆有通经、驱虫、镇咳之功效。漆树籽具有舒筋活血、收敛止血、润滑肠道、保护心血管、润泽肌肤的作用。现代研究发现，从漆树的汁液中提取的漆树酸，还有强心的作用，正被广泛用于医疗。

俗话说"七步之内必有解药"。漆树的毒虽很恼人，并非无药可解。有漆树生长的地方，附近通常就会有毛果算盘子的存在，毛果算盘子的汁液便是漆树之毒的解药。摘取毛果算盘子的新鲜枝叶，取出汁液涂抹在漆树过敏的部位，痛痒难耐的症状很快就能缓解甚至消失。人们常将漆树称为母漆木，而称毛果算盘子为公漆木，一母一公，相生相克，这就是自然的法则。

漆树被割漆匠人一刀刀地划开树皮，承受着切肤之痛，却给人类带来美的享受。在享受美的同时，至于漆树本身，还是别去招惹它。

商陆

商陆 *Phytolacca acinosa*
别名：山萝卜、土人参、见肿消、倒水莲、金七娘、猪母耳、白母鸡
分类地位：被子植物门 Angiospermae
　　　　　商陆科 Phytolaccaceae
　　　　　商陆属 *Phytolacca*
分布地区：全国各地均有分布

▶ 有毒的"葡萄"

你若在山中小路上行走，很容易在路边发现一串串形似葡萄的紫红色诱人果实。千万不要轻易去试吃，如果你把商陆的果实送入了口中，接下来，原本吃进胃里的食物就会保不住了。呕吐腹泻是商陆果实给偷吃者最轻的惩罚，严重者甚至性命不保。平静惬意的大山有时候也会暗藏危机，贪吃抑或是好奇心太重都会落入植物的陷阱，让自己身陷危机。

我国分布的商陆属植物有四个种，分别

是本土商陆、日本商陆、多雄蕊商陆及垂序商陆,而路边最常见到的则是垂序商陆,它是来自遥远美洲大陆的不速之客,是不折不扣的入侵物种,能入侵成功,说明它对环境的适应能力极强,不挑气候和土壤环境,肆意生长。在房前屋后,山林田埂,山村小路旁都会遇到它,玫红色的茎干和花序,醒目得让人一眼就能看到。果实成熟时,紫红色的果实着实诱人,难怪每年都有因误食商陆果实引发中毒甚至死亡的案例。

秦岭山中有两种商陆,本土商陆和垂序商陆。由于垂序商陆强大的适应能力,挤占了本土商陆的生态位,本土商陆如今已难得一见。这两种商陆还是很好辨认的,不用担心会认错。本土商陆茎秆和花柄为绿色,花为总状花序,花多而密,花序粗壮,可以直立向上生长,像蓄势待发的火箭一样,直挺挺地矗立在植株的顶端。而垂序商陆的茎干和花柄都为玫红色,花少而稀疏,花柄纤细柔软,花序下垂,也由此得名垂序商陆。另外,二者的果实形状也略有不同,本土商陆的果实成熟后像剥开的橘子,是分瓣的;而垂序商陆成熟的果实就会变成珠圆玉润的紫葡萄形。但无论商陆的果实看起来多么诱人,口腹之欲一定要忍住。

本土商陆和垂序商陆虽长相不同,但也有共通之处,它们都可以入药,入药部位以根为主。商陆根部形似人参,因此也

被称作土人参，但它与人参没有半点关系。医书中记载："商陆有赤白二种，白者入药用，赤者甚有毒，但贴肿外用。若服之，伤人，乃至痢血不已而死也。"白即指本土商陆，炮制后可内服，有逐水消肿、通利二便、解毒散结的功效。而红色的垂序商陆毒性很强，不能内服，只能外用，外敷用于治疗皮肤病可谓是以毒攻毒。

商陆入药在我国由来已久，商陆"杀人"也屡见不鲜，"杀人"之举大多以果实诱惑，专门针对贪吃之人以及好奇心太重之人。如果在野外，看到那晶莹剔透形似葡萄的小浆果，一定要忍住自己的好奇心和口腹之欲，否则就会落入商陆"杀人"的圈套。

蕺菜 *Houttuynia cordata*

别名：鱼腥草、折耳根、侧耳根、狗心草、折耳根、狗点耳、狗贴耳、猪皮孔、猪鼻孔

分类地位：被子植物门 Angiospermae

　　　　　三白草科 Saururaceae

　　　　　蕺菜属 *Houttuynia*

分布地区：全国各地均有分布

▶ 喜恶两重天

人们总会以事物的特点为其命名，对植物也不例外，蕺菜就是因为有一股鱼腥味道而得名"鱼腥草"。鱼腥草刚萌发出的嫩叶卷折皱缩，展平后呈心形，有些像猫的耳朵。它的茎是扁圆柱形，表皮为棕黄色，质地脆而且容易弯折，因此鱼腥草在四川地区也叫"折耳根"。

据《名医别录》记载："生湿地，山谷阴处亦能蔓生，叶如荞麦而肥，茎紫赤色，江左人好生食，关中谓之菹菜，叶有腥气，

故俗称鱼腥草。"秦岭南坡，随处可见顶着白色小花、叶片似心形的小草，就是鱼腥草。四片白色的花瓣中间吐出棕黄色的花蕊，清新自然，远远看上去怎么也没办法和令人厌恶的鱼腥味联系起来。凑近来闻，鱼腥草有着很奇怪的味道，南方地区的人们常将其作为作料。其叶可以凉拌，也可以被制作成家常菜，例如鱼腥草蒸鸡、鱼腥草炒肉丝、鱼腥草炒鸡蛋、鱼腥草烧猪肺，有些地区甚至用鱼腥草来煮粥。每道菜都有着独特的风味，是云、贵、川、渝、两湖地区很多人喜爱的美食。把鱼腥草作为食材使用的历史可追溯到2000多年前，经过2000年的饮食文化变迁，鱼腥草依然被喜爱之人视为人间美味，餐餐必吃；却被厌恶之人敬而远之，甚至跟鱼腥草接触过的食物都不会再碰。

鱼腥草不仅可以食用，还在中医药领域发挥着作用。它被收入各类中药典籍中，现代临床医学上的功效为清热解毒、利尿消肿，可用于治疗肺炎、肺脓疡、疟疾、热痢、水肿、痈肿、痔疮、湿疹、秃疮、疥癣等疾病。鱼腥草中含有的槲皮苷，具有利尿作用。除此之外，鱼腥草中的鱼腥草素对金黄色葡萄球菌、肺炎球菌等有着显著的抑制作用。

近几年，网上对于鱼腥草的争议较大，有人认为常吃鱼腥草有保健作用，也有人认为鱼腥草含有致癌物质。这到底是怎

么回事呢？有研究表明，亚洲地区的肝癌患病情况与马兜铃酸所导致的基因突变有关。而鱼腥草中恰好含有马兜铃酸，鱼腥草会致癌的说法便由此而来。殊不知，鱼腥草当中的马兜铃酸并非致癌的马兜铃酸，致癌的马兜铃酸是马兜铃酸I，而鱼腥草当中的马兜铃酸是BII、AII和FII，此酸非彼酸，两者之间有着本质的区别。所以，鱼腥草不会致癌，更没有毒性。从古至今，人们将鱼腥草作为家常菜品食用，并没有发生中毒事件。

鱼腥草虽然对人体无危害，但也有食用禁忌，比如患有湿疹、过敏性鼻炎的患者，食用鱼腥草可能会加重过敏反应。鱼腥草有很好的降糖作用，因此低血糖患者就不要食用它了。鱼腥草也可能会增加炎性反应，感冒或是身体有炎症时，最好也不要食用。

纵观人类历史，很多理论都是在建立，推翻，再建立，再推翻的过程中发展的，中医药领域也不例外。中药的研究也经历着科学的不断验证，我们不可忽略本草的毒性，也要让中草药发挥其最大的作用。

何首乌 *Pleuropterus multiflorus*

别名：多花蓼、紫乌藤、九真藤、夜交藤等

分类地位：被子植物门 Angiospermae

蓼科 Polygonaceae

何首乌属 *Pleuropterus*

分布地区：陕西南部、甘肃南部、华东地区等

▶ 乌发首选

初次听闻何首乌这种植物，是在鲁迅先生笔下的《从百草园到三味书屋》。文中这样描述："何首乌根是有像人形的，吃了便可以成仙，我于是常常拔它起来，牵连不断地拔起来，也曾因此弄坏了泥墙，却从来没有见过有一块根像人样。"正是因为这段文字，我就有了对"人形何首乌"的遐想。小时候的我像儿时的鲁迅先生一样，每到草窝里，便会扯起藤蔓，企图寻找何首乌的根，想看看它到底长什么样儿。长大后学了生物

学，才舍去了脑海里对何首乌的执念，知道了何首乌可以入药，但不能让人成仙。

如今的我总有机会在秦岭山中探寻各种各样的植物，偶尔也会在山谷灌丛、山坡林下、沟边石隙间不经意地发现野生的何首乌植株。它是蓼科何首乌属多年生缠绕藤本植物，叶片呈长心形，白色的小花点缀在藤蔓上，星星点点，像是一串串小银铃，花序呈圆锥状，苞片三角状卵形，花开过后，长出的果实呈梨形。何首乌在我国有大面积种植，其栽培历史可以追溯到明代，广东省肇庆市德庆县被誉为"何首乌之乡"。

何首乌与灵芝、人参、冬虫夏草并称为"四大仙草"。何首乌能乌发，市面上的乌发产品层出不穷，含有何首乌的产品总能得到消费者的青睐。何首乌入药分两种，生首乌和制首乌。根茎没有经过炮制加工的被称为生首乌，其中蒽醌类物质含量较多，有一定的毒性，对肝脏有损害，还含有对肠胃有刺激作用的大黄酸、大黄素、大黄酚等物质。若是长期大量服用，会出现肠鸣、腹痛、腹泻等症状，长久积累对肠胃不利。生首乌有毒，但大可不必谈毒色变，用何首乌泡水清洗患处能起到止痒作用。而制首乌是经过炙炒或者用姜汁炒过的，经过炮制后的何首乌，毒性下降，疗效也会加强。

中医很多方剂中都有用到何首乌，《本草纲目》和《本草

汇言》中均有记载,何首乌有补肝肾、益精血、强筋骨、乌须发、化浊降脂的作用,可安神、养血、活络、补益精血,是常见名贵中药材。何首乌药效多,但近几年,因自行服用何首乌而导致的肝损伤案例时有发生,所以用药时还须遵循医嘱,适当服用。

　　本草本身没有错,对人体造成伤害多数是因用药不当。随着科学的发展,人类对植物的认识会更加深入和透彻,也会更加合理地使用它们。

白头翁 *Pulsatilla chinensis*

别名：羊胡子花、老冠花、将军草、大碗花、老姑子花、毛姑朵花

分类地位：被子植物门 Angiospermae

　　　　　毛茛科 Ranunculaceae

　　　　　白头翁属 *Pulsatilla*

分布地区：东北地区、华北地区及陕西、甘肃、山东、江苏、安徽、河南、湖北、四川等

▶ 白发苍苍一老翁

早春时节，万物还未完全复苏，一棵小小的本草就破土而出，春日里，头顶精致的紫红色王冠，高抬着头颅，意气风发，仿佛一低头王冠就会掉。当夏日来临，它似乎遇到了什么紧急的事情，会突然脱去高贵的紫色王冠，一夜之间白了头。

白头翁的一生犹如人生一样，花蕾时，身披柔嫩的茸毛，娇嫩可爱；绽放时，露出紫红的脸庞，娇羞动人；花谢后，又成了白发苍苍的耄耋老人。大概白头翁这个名字也

是源于此吧！白头翁是毛茛科白头翁属多年生草本植物，全株长有细密的白色长柔毛，叶片从基部呈伞形生长，花萼呈蓝紫色，花瓣凋谢后，花柱依然保留，便形成了长长的轻盈的白色茸毛，成了它名字所形容的"白了头的老翁"。它是秦岭山中一种造型别致的本草。

　　白头翁是传统常用中药，在我国已有上千年的应用历史。白头翁以根部入药首载于《神农本草经》："白头翁主温疟，狂易，寒热，症瘕积聚，瘿气，逐血，止痛，疗金疮"。白头翁一般在春季以及秋季采挖，除去残留的花、叶、茎和须根，保留根头白色茸毛，去净泥土，晒干，即可入药。气味微苦涩，有清热解毒、凉血止痢、燥湿杀虫的功效，属于清热药下分类的清热凉血药。别看它花期可爱灵动，果期柔软可人，它的表象可谓极具迷惑性，据《药性论》记载："白头翁味甘苦，有小毒。"它全株有毒，汁液对皮肤黏膜有强烈的刺激作用，其中含有的白头翁素可引起恶心、呕吐等不良反应，甚至刺激肾脏，产生血尿、蛋白尿等症状。而它根部的毒性则主要作用于心脏，这就是人们常说的"是药三分毒"。

　　一味本草，长在深山人不识，若在医生手中，经过炮制与配伍，它将发挥出不为人知的神奇功效。若有人冒犯了它，将它的汁液弄出，它就会以它的方式回应人类——刺激皮肤，并

使之中毒。

白头翁喜欢阳光充足和干燥的环境，多生于山坡草丛中。"疏蔓短于蓬，卑栖怯晚风。只缘头白早，无处入芳丛。"当其他植物尚未萌绿时，白头翁已绽开娇艳的花朵，成为一道独特的风景线。

白头翁从开花到种子成熟只有一个月时间。花开时美如少女，结果时形似老翁。人生一世，草木一秋，低矮的本草，生长于山中，顺应自然，如白头翁般，时间虽短，却也积聚了能量与智慧。

# 曼陀罗

曼陀罗 *Datura stramonium*

别名：枫茄花、狗核桃、万桃花、洋金花、野麻子、醉心花、闹羊花

分类地位：被子植物门 Angiospermae
　　　　　茄科 Solanaceae
　　　　　曼陀罗属 *Datura*

分布地区：全国广泛分布

▶ 西域蒙汗药

秦岭山中，每一株植物都有独一无二的名字，在诸多本草中拥有着独特异域风情名字的便是曼陀罗。它常常在武侠小说和宫斗剧里以西域蒙汗药的身份出现，《天龙八部》里描述的曼陀罗神秘诡异，每每现身，就让世人不得不相信宿命无常。宋代司马光在《涑水记闻》中写道："五溪蛮反，杞以金帛官爵诱出之，因为设燕，饮以曼陀罗酒，昏醉，尽杀之。"意思是有人造反，有个叫杜杞的人用金帛和官爵将他们诱骗出来，设宴喝酒

的时候，给酒里加了曼陀罗，将造反之人迷晕后全部杀掉了。从这段描述中可以看出，曼陀罗有麻醉和迷幻的作用。

曼陀罗含有东莨菪碱，东莨菪碱有麻醉作用。东汉时期的医学家华佗发明的麻沸散的主要成分就是曼陀罗。如果用来杀人、迷醉，那它的确有毒；如果用来治病救人，那它就是一剂良药。现代医学虽较以前有所进步和发达，但西药中所用的麻醉镇定药物阿托品依然来源于曼陀罗。它的提取物可用于治疗心衰、室性心律失常、心绞痛、高血压等急症。中药中，它的叶、花、籽均可入药。花在中药材里面被称为"洋金花"，能祛风湿，止喘定痛，可治惊痫和寒哮，煎汤洗治诸风顽痹及寒湿脚气。花瓣的镇痛作用尤佳，常用于治疗神经痛。叶和籽可用于镇咳镇痛。

曼陀罗开花前花冠层层相叠，像是扎紧口的小布袋，五个花瓣在尖部微微上翘，显得轻盈曼妙。盛开后，花朵似仙女裙飘逸灵动，硕大的花朵娴静低垂，又似号角，仿佛在欢快地演奏。新鲜的曼陀罗花会散发出一种特殊的气味，久闻会使人感到头晕，大概武侠小说里蒙汗药的灵感就来源于此吧！曼陀罗毒性最大的部位是它的种子，带刺的蒴果像个流星锤，成熟后会裂成四瓣，里面有很多比芝麻略大一点的褐色种子，千万别出于好奇把它们放进嘴巴里品尝，那样的话后果会很严重。这种子虽小，吃上 10 粒，足以致命。若不小心误食了，保命的方法就是马上去医院洗胃，然后服用解毒药物。这一番折腾下来，算是可以保住小命，但总不是什么愉快的体验。所以看见了曼陀罗，观赏它的美丽容颜即可，切勿轻易试吃。

曼陀罗的适应性极强，喜温暖、湿润、向阳环境，对土壤几乎无要求，因此在路边的杂草堆里经常能看到它的身影。它的身形高大挺拔，开花时犹如仙女盛装起舞。待到结出浑身硬刺的流星锤模样的果实，它的其中一个妙用就会显现出来——过去农村常被老鼠祸害，农家人会采集曼陀罗的果实，放入鼠洞中，鼠小弟一边被封住去路一边被毒杀，很快家中就安生了。

古人有诗云："我圃殊不俗，翠蕤敷玉房。秋风不敢吹，谓是天上香。烟迷金钱梦，露醉木葉妆。同时不同调，晓月照低昂。"这就是对曼陀罗的形象描述。曼陀罗妖娆精致，有毒性，亦有解除病痛的能力。美丽与恐怖时常相伴而生，就看我们以怎样的目光去看待。

# 肆·医药瑰宝

丹参

丹参 Salvia miltiorrhiza

别名：赤参、逐乌、山参、郁蝉草、木羊乳、奔马草、野苏子根、烧酒壶根、壬参、紫丹参、红根、夏丹参、紫参、五风花、阴行草、活血根、大叶活血丹

分类地位：被子植物门 Angiospermae

　　　　　唇形科 Labiatae

　　　　　鼠尾草属 Salvia

分布地区：安徽、山西、河北、四川、江苏、湖北、甘肃、辽宁、陕西、山东、浙江、河南、江西等

▶ 大地的血管

无论都市多么炎热，大山总会提供清凉。秦岭山中药用植物种类繁多，每一株本草都有自己独特的魅力，是造物主的神奇佳作，也是自然的珍贵馈赠。行走在大山里，总会见到各种各样的植物，很多都是中草药，但大多数人并没办法辨识它们的容貌，叫出它们的名字。今天要拜访的丹参就是生长在路边不起眼的小草。

一阵凉风拂过，路边各色的小花小草抖

擞精神，丹参正举着紫红色的花朵，向我们热情地挥手。丹参俗称"活血根"，是唇形科鼠尾草属多年生直立草本植物。最早记载于《神农本草经》中，被列为药中上品。丹参有一条朱红色粗壮的肉质根，叶片呈羽毛状排列，花序从植株的最上端抽出，小花儿在花梗上依次排开。夏末秋初，待到紫红色的小花开败，黑褐色椭圆形的小坚果就会渐渐萌生出来。我还依稀记得，小时候和表哥一起去挖"活血根"，带回家中，清洗掉泥土，晾干后便可拿去药店换钱，长大后才知道原来儿时记忆中的"活血根"便是大名鼎鼎的丹参。

如今，丹参作为一味上乘的原料药，需求量大了许多，获取方式当然也不能仅靠采挖来解决，人工种植的方式必不可少。丹参喜欢气候温和、阳光充足、土壤肥沃的环境，适宜在肥沃的砂质土壤中生长，它对土壤的酸碱度要求不高，山坡、林下、溪谷旁都可以生长，长到次年便可采集了。

用丹参制成的中成药复方丹参滴丸、丹参酮胶囊、丹参注射液等造福了广大心血管疾病患者。它红色的根犹如大地的血管，滋养着在这片土地上生活的人们，抚慰着患者的病痛。丹参性微寒，归心、肝经，含丹参酮，可通经活络，具有祛瘀止痛之功效，主要用于治疗瘀血腹痛、疮疡肿痛、胸痹心痛、脘腹胁痛、骨节疼痛、症瘕积聚等病症。丹参与益母草、香附同用，可用于气滞血瘀型月经不调、经闭痛经、血崩带下等症。丹参还具有清心除烦的作用，可用于治疗热痹疼痛、热入营血、烦躁不安、心烦失眠、心绞痛等症。将丹参研磨成末，和三七粉一起放入杯中，加入适量开水饮用，有很好的活血化瘀功效。另外，将丹参作为保健药物适量服用，可以防止血液黏稠，保护心肌，对心血管疾病有很好的预防和改善作用。民间常将老母鸡、红枣和丹参一起放入锅中，煮一锅美味的丹参红枣鸡汤，既能享受美味，又有补中益气、润肠通便的功效。

中草药承载着千年华夏医药文明，在治疗疾病和健康养生方面起到了重要的作用，是祖先留给现代人的宝贝。我们该知其形，能善用，才不枉中医药"国宝"的作用。

# 柴胡

柴胡 *Bupleurum chinense*

别名：地熏、山菜、菇草、柴草

分类地位：被子植物门 Angiospermae

　　　　　伞形科 Apiaceae

　　　　　柴胡属 *Bupleurum*

分布地区：全国各地均有分布

▶ 千金之药

夏日的秦岭山头，不知名的野花漫山遍野开得正盛，一阵清风吹过，一丝清凉袭来，神清气爽！暑期的秦岭山，路边总会看到星星点点闪着黄色光芒的植物，这些植物开着黄色小花，小花聚成一簇，凑成一把小伞，走近一看，原来是伞形科的柴胡。它在山野乡间自由生长，以其独特的魅力和药用价值，成为中医药宝库中的一颗璀璨明珠，被誉为"解表圣药"。

柴胡又名"柴草"，多年生草本植物，

每年立春过后就会从土里冒出新芽来。盛夏时节，青紫色的茎秆顶端开出伞形的小花，花朵小巧玲珑；茎秆长叶的位置会轻微地呈现"之"字形，叶片尖而细长；淡红色的主根粗壮坚硬，这就是柴胡主要的入药部位。

《神农本草经》中有对柴胡药用的记载，谓其"主心腹，去肠胃结气、饮食积聚、寒热邪气，推陈致新"。《滇南本草》中也记载柴胡有"除肝家邪热、痨热，行肝经逆结之气，止左胁肝气疼痛"的作用。从古人的这些记载中不难看出，柴胡的用途很广，不仅能治疗感冒，还有去肠胃结气，疏肝解郁的作用，被誉为"千金之药"，是家家户户的常备药。

柴胡具有良好的功效，主要用于治疗感冒症状。说起柴胡，大人小孩都不会陌生，人们会马上想到感冒时常用的中成药柴胡颗粒和小柴胡片。孩童若是不慎患上了感冒发烧，父母总会在家中的某个角落里找出一包柴胡颗粒，用温水化开，拿到小孩子面前，督促他们喝下。孩子们抱起药碗一饮而尽后，盖好被子睡觉，一觉醒来，又变得活蹦乱跳。于我而言，印象最深刻的则是柴胡注射液。儿时体弱，经常感冒发烧，每当发烧时，母亲就会领着我到诊所，让医生给打一针柴胡注射液，不出半个小时便能退烧。虽然挨过针的屁股有些疼，但从发烧的痛苦中解脱，身体轻松了许多，精神也顿感清爽，有一种重获新生

的感觉。柴胡治疗感冒发烧的效果着实神奇。

俗话说"是药三分毒",凡是药物,必是一把双刃剑。柴胡虽具有疏肝解郁的功效,但不可过量服用;如果服用过量,不但达不到疏肝解郁的效果,反而会在一定程度上损伤肝脏。没有患病之人,就不要用柴胡制作药膳食补了。

"二月生苗,七月花香。善于和解,品性为上。"在秦岭山中,柴胡花在风中摇曳,随风摇摆的不仅仅是一朵朵黄色山野小花,更是一剂良药。"冬去春来碧铺垄,炎夏开花金满枝。"混入杂草丛中的小小柴胡虽不起眼,却是人类的一大福音。

# 石斛

石斛 *Dendrobium officinale*
别名：仙斛兰韵、不死草、还魂草、紫萦仙株、林兰、禁生
分类地位：被子植物门 Angiospermae
　　　　　兰科 Orchidaceae
　　　　　石斛属 *Dendrobium*
分布地区：台湾、湖北、香港、海南、广西、贵州、云南、西藏、四川、陕西等

▶ 人间仙草

春天到来，山里的兰花相继开花，春节刚过，春兰和幽兰最先报到。兰花被国人誉为"花中四君子"之一，它的幽香淡雅，常被文人用来形容高洁儒雅的气质；它的耐寒能力，常被用来比喻坚贞不渝、不畏强权的品质。

殊不知，秦岭南坡的山间有一种可以用来吃的兰花，名叫石斛。石斛为兰科石斛属多年生草本植物，和观赏的兰花一样，生于大山，不畏严寒，甚至不需要肥沃的土壤，

山间石缝中散落的尘土足以使其生长。肥厚的直立茎,在温暖湿润的季节努力地储存营养,支撑它熬过低温干旱的冬季。春季来临,茎的顶端便抽出花柄,春夏之交的5月、6月,小花悄然绽放,或淡绿或鹅黄,一丝柔软的花蕊长在花中央,闪着绚丽夺目的光芒。有风吹过,花枝摇曳,飘散出梦幻般的芳香,勾人心魄。一朵朵花儿竞相张开清新可爱的笑脸,准备迎接访问大山的探寻者。

石斛属植物花朵的颜色多种多样,具有极高的观赏价值,其中,花朵颜色最奇特的当数铁皮石斛了。大山中不缺千奇百怪、争奇斗艳的花朵,但铁皮石斛的花朵呈现出一抹淡绿色,和叶子的绿色相得益彰,不与万物争春,却尽显花的灵动。花梗通常从顶端或老茎中生出,张开的5瓣花瓣与凸显着红色斑点的唇瓣,像是吐着舌头的俏皮小孩。因为石斛属植物的花形似古代的计量工具"斛",又通常生于石壁之上,故得名"石斛"。石斛的茎肉质肥厚,呈圆柱形直立,茎上有节,每当雨水充沛的季节,茎秆努力汲取水分,节间就会略微肿大起来。而节就像是古代女子的束腰,束缚了茎秆的膨大。石斛用来吃的部分正是此处,可榨成汁鲜食,有一股青草的香气,入口有淡淡的苦味,当苦味消散,随之而来的则是甘甜。

野生石斛生于山间石缝,附于悬崖峭壁,生长速度极为缓

慢，每年的生长量不足3厘米，珍贵程度可想而知。一直以来，石斛都被人们奉为人间仙草，令无数追捧者趋之若鹜，但无论多么难以获得，都阻挡不了人们的求取之心。现在，野生石斛已经成了濒危物种，面对这一矛盾，植物学家们集思广益，努力实践，终于在实验田里人工培育出了石斛。老百姓不用再望洋兴叹，只要走进石斛基地，我们就能喝上鲜榨的石斛汁、现泡的石斛花茶。仙草入喉，顿觉神清气爽、飘然若仙。

铁皮石斛含有丰富的营养成分，包含人体所需的氨基酸、多糖、钙、铁、锌以及各类维生素等，2023年被国家卫健委选入药食同源目录中。铁皮石斛还含有生物碱类、多糖类、黄酮类、酚类等多种化学成分，其中所含的生物碱，能降血糖、改善记忆、保护神经、抗白内障、抗肿瘤等。铁皮石斛也是知名的传统中药材，目前有了人工种植的助力，已被广泛应用于中药和保健品领域之中，脉络宁注射液、石斛夜光丸、石斛明目丸等药物中均含有石斛。经常食用铁皮石斛可以促进人体新陈代谢，增强身体的抗疲劳能力。

自古以来，人们对健康的追求与向往从未停下过脚步。石斛生于大山，源于自然，集天地之精华，满足了人们对美好的想象，寄托了人们对健康的向往。野生铁皮石斛的美，值得人们共同去守护。

地黄

地黄 *Rehmannia glutinosa*

别名：生地、地髓、牛奶子、婆婆奶、狗奶子、小鸡喝酒

分类地位：被子植物门 Angiospermae

　　　　　玄参科 Scrophulariaceae

　　　　　地黄属 *Rehmannia*

分布地区：辽宁、河北、河南、山东、山西、陕西、甘肃、内蒙古、江苏、湖北等，全国各地均有栽培

▶ 生熟亦不同

春末夏初，阳光温暖，正值赏花、享受阳光的大好时节。秦岭山中，山花开得正盛，漫山遍野的小花，没有一株植物是白长的，正所谓"秦岭无闲草，遍地都是宝"。山间草木繁茂，地黄也支棱着毛茸茸的"小喇叭"，吹奏着迎接夏日的交响乐。

说起地黄，在野外它是一株不起眼的小草，很多人没见过，甚至不知晓；但说起"六味地黄丸"这款中成药，人们就会恍然大悟，它的主要成分便是地黄。

地黄是多年生草本植物，没有华丽的外表，喜欢生长在田间地头，有时甚至被当成杂草。个头不高，大概10~30厘米，浑身长满了灰白色的长柔毛和腺毛。叶片椭圆形，有点像枇杷叶，所有的叶片都是从茎的基部长出来的，叶子簇拥在一起，像一朵怒放的花。它的花同样也布满了柔毛，阳光下毛茸茸的，偶有小风吹过，摇摇晃晃，像喝醉了酒，看起来十分俏皮可爱，于是也有人形象地称它为"小鸡喝酒"。

地黄与山药、牛膝、菊花并称为"四大怀药"。明朝时期，黄河北岸的温县、武陟、博爱、孟州、沁阳等地属于怀庆府管辖，地黄就盛产于此，因此被视为"怀药"。据明代《本草纲目》记载："江浙壤地黄者，受南方阳气，质虽光润，机时力微；怀庆府产者，禀北方纯阴，皮有疙瘩而力大，今人惟以怀庆地黄为上。"不仅是明朝人善用地黄，早在唐宋时期地黄就已经被列为皇家贡品。久负盛名的地黄经丝绸之路传入亚欧各国，郑和又将其带入东南亚、中东、非洲诸国，于是这小小的本草就开始在世界各地大放异彩。地黄深受海外人士的盛赞，在东南亚各国，人们甚至把它作为稀贵礼品相互赠送，这些来自古老中国的馈赠被称为"华药"。

地黄的入药部位为根部，根据炮制方法不同，成品的中药材分为生地黄和熟地黄。两者药性截然不同，生地黄由鲜地黄

烘干至八成干即可，具有生血补血、清凉解毒之功效。而熟地黄要经过蒸制晾晒、再蒸制再晾晒，反复多次，俗称"九蒸九晒"，才可制成。在这个加工过程中，地黄的颜色会逐渐从黄色变黑，甚至色黑如漆，越是漆黑药用价值就越高。熟地黄多用于滋补，有生精益髓的作用。地黄从生到熟，不光是外表发生了变化，内在的药性也发生了很大的变化。这也是中药炮制的魅力，一药两吃，拓展了用途，增加了价值。地黄不仅以根来入药，采摘下来的地黄花也可以拿来煮粥，具有滋肾养阴、清热止渴的保健作用，并且地黄花特有的甘甜清香，非常适合糖尿病人或者肾虚腰痛者食用。地黄这味本草不仅能吃，而且由于其含有大量黄色素，将它作为天然染料也是不错的选择。

　　地黄虽小，但本领很大，它深深地扎根于山中，为人类健康贡献自己的力量。我们的人生亦是如此，深深地向下扎根，努力地向上生长。

五味子

遇见本草

五味子 *Schisandra chinensis*

别名：玄及、会及、五梅子、山花椒、壮味、五味、吊榴、血藤子、面藤子

分类地位：被子植物门 Angiospermae

　　　　　五味子科 Schisandraceae

　　　　　五味子属 *Schisandra*

分布地区：黑龙江、吉林、辽宁、内蒙古、河北、山西等

▶ 五味杂陈

在秦岭山里邂逅挂满红果的五味子是件幸福的事，看到五味子，顿时激起了我儿时的记忆。每逢秋季，我总能收到爷爷从山里捎来的五味子。将五味子洗净放入盘中，鲜红饱满的小浆果上挂满了晶莹剔透的小水珠，颗颗饱满，粒粒透亮。送入口中，轻轻地咬一口，汁水顿时在嘴中漫延，酸、甜、苦、涩、麻各种味道在舌尖弥漫开，这特殊的味道对味蕾的冲击让人欲罢不能，直至唇舌变得麻木。《抱朴子·内篇·仙药》中说道："五

味者，五行之精，其子有五味，移门子服五味子十六年，色如玉女，入水不沾，入火不灼也。"说的是一个名为移门子的人，坚持服用五味子，面色如少女一般红润白皙。吃过五味子，我不知道面色是否如少女，但这小浆果在舌尖的感觉着实奇妙。

五味子到底是什么植物？真的有五种味道吗？五味子是多年生落叶藤本植物，可作药用，红色如串珠状宝石般的果实，拿来观赏也不错。它喜欢太阳，因此多生于阳坡，枝干无骨，总缠绕在其他植物之上。刚长出的幼枝红褐色，老枝就会变成灰褐色。幼叶背面有柔软的毛，还没张开的幼叶总是皱皱巴巴的，待叶面舒展开来，就会变成椭圆形。五味子是雌雄异株植物，开花时，花色粉粉嫩嫩，花被片和花瓣层层叠叠，垂吊在长长的花柄上，就像姑娘的发簪。待到农历八月，繁花落尽，果实成熟时，在雌株的叶间，一串串晶莹剔透的红果果就会挂在其中。五味子的果实具备酸、苦、甘、辛、咸五种味道，因此被称作"五味子"。2000多年前的医药典籍《神农本草经》把五味子列入药中上品，长期食用有补气强身的作用，古时的王公贵族也会把五味子作为滋补食物来食用。

中医上讲，五味子可以补五脏之气。五种味道与五脏相对应，酸味补肝，咸味补肾，苦味补心，辛味补肺，甘味补脾胃，功效强大，古人十分喜欢。而如今，现代人食物种类丰富，不

再需要采食野果果腹，人们也很少见到这种山野小果了。科研人员从药理角度对五味子进行研究，发现它确实有多种功效：它不仅能延长睡眠时间，降低肝脏转氨酶、保护肝脏，而且对胃溃疡有修复作用，还能强心、降压、改善心肌功能，并且有延缓衰老、增强生殖系统功能的作用。

  人生有五味，初品有酸有甜，经过漫长岁月的洗礼，心里五味杂陈，苦涩混于其中，更显甜的珍贵。我爱秋天挂满枝头的五味子，更爱孕育五味子的秦岭大地，每到秋天，总迫不及待想和伙伴们去品尝一口自然孕育的果实。

益母草

遇见本草

益母草 *Leonurus japonicus*

别名：益母蒿、益母艾、红花艾、坤草、野天麻、玉米草、灯笼草、铁麻干、益母夏枯、假青麻草、大样益母草、黄木草、红梗玉米膏、地母草、野麻、森蒂、益母艾、红花益母草、臭艾、燕艾、臭艾花、红花外一丹草、红艾、地落艾、爱母草、六角天麻、鸡母草、云母草、鸭母草、三角小胡麻、溪麻、蛰麻菜、九重楼、益母花

分类地位：被子植物门 Angiospermae

唇形科 Labiatae

益母草属 *Leonurus*

分布地区：全国各地均有分布

▶ **女性的朋友**

初夏的清晨总是让人充满遐想，秦岭山中的植物，枝叶葳蕤，生长旺盛。各种知名不知名的小花小草都抓紧这大好时光，奋力地生长，汲取能量。像风轮一样的益母草也在茎秆开满紫色的小花，努力地向上生长。

益母草，一看到这个名字就知道这味本草一定与女性有关。相传古代有一女子，在生孩子时落下了妇科病，久治不愈。儿子长

大成人，她的病却始终未愈。孝顺的儿子通过多方寻觅，终于找到了一味可治愈母亲旧疾的草药，悉心煎药给母亲服用。数日后疗效大显，母亲的病痛大大减轻，再喝数日后，竟然痊愈了。后来这位孝顺的儿子还用这种草药给很多女性治好了多种妇科疾病，于是人们便给这种草起了个名字叫"益母草"。这种草对女性的健康有好处，有时也被称为"女人草"。

益母草号称"妇女之友"，是唇形科益母草属一年生或二年生草本植物。它的名字听起来温柔又恬静，它的作用也确实配得上这样的称号。它的茎细长，叶片狭长而尖。花朵小巧玲珑，颜色从淡紫到粉红不等，它们在微风中轻轻摇曳的样子，就像在跳着优雅的舞蹈。

益母草在秦岭这片古老而神秘的土地上自由奔放地生长，它们不挑剔生长环境，无论是阳光充足的山坡，还是阴暗潮湿的沟壑，益母草都能生根发芽，茁壮成长。它们的繁殖能力极强，种子随风飘散，落地生根，很快就能形成一片绿色的海洋。益母草的食药用价值是它们最为人称道的地方，《本草汇言》有记载："益母草，行血养血，行血而不伤新血，养血而不滞瘀血。"女性因生理特点所致，经常会气血不足，经常饮用益母草煮的汤水，渐渐地就会面色红润，恢复气血。《本草纲目》里也记载了益母草"作浴汤洗，治瘾疹痒，入面药，令人光泽，

治粉刺"。意思是说益母草除了内服，还可以外用，用益母草煮水洗浴，可治疗皮肤瘙痒；捣碎敷于面部，可治疗粉刺，令面部有光泽。别以为益母草只能拿来做药，它四棱形的茎秆柔韧而挺拔，富含纤维，古人总在夏季益母草生长茂盛但花未全开之时，采集益母草植株，待到秋末，将其浸泡抽丝，用来制作麻绳。

到了现代，益母草不仅是一味能活血调经、利尿消肿、清热解毒的常见中药材，还是一种食材。在广东地区一直有食用益母草的传统。将新鲜的益母草用清水洗净，开水氽烫，然后用凉水充分浸泡，再捞出沥干水分，浇上自己喜爱的凉拌汁，就成了一道开胃的小凉菜。将益母草晒干，用来煮凉茶，不仅口味独特，还兼具保健功能。

益母草是大自然赋予女性的珍贵礼物。秦岭深处，益母草的身影在阳光下闪耀，仿佛在向我们诉说着大自然的奥秘。益母草默默守护女性的健康，不仅是妇女之友，更是全人类珍贵的植物朋友！

淫羊藿

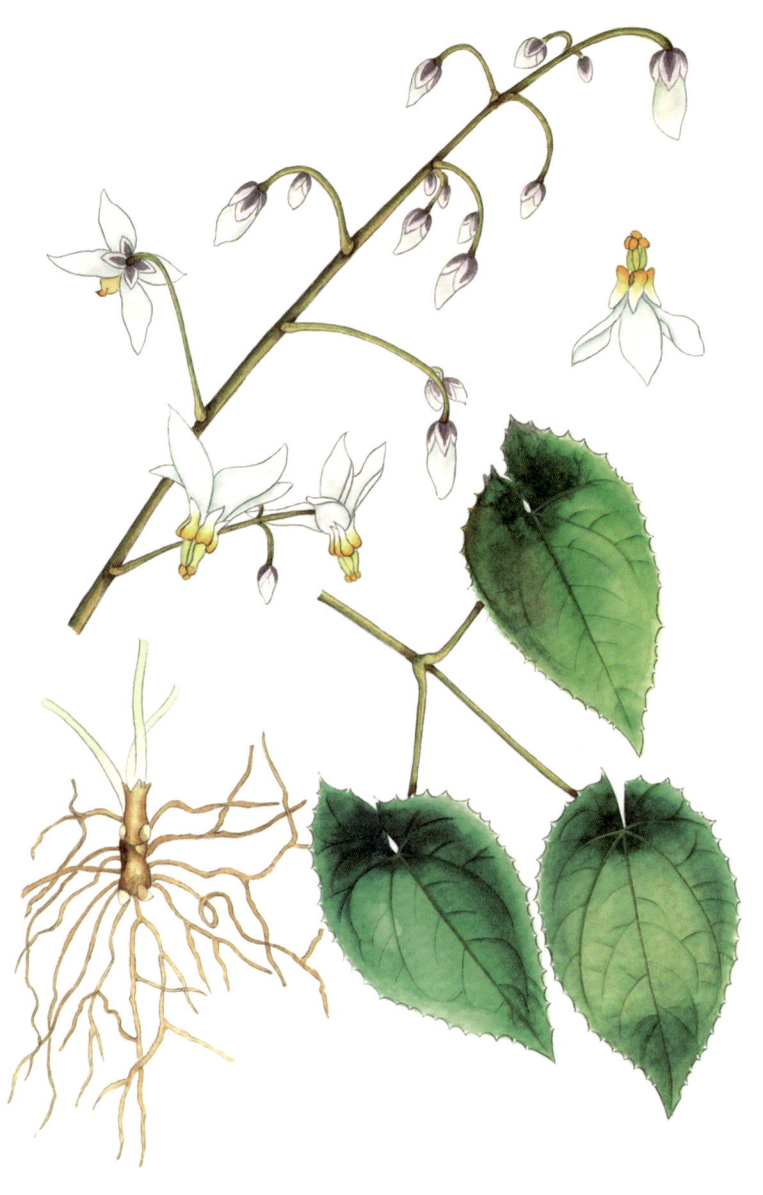

遇见本草

淫羊藿 *Epimedium brevicornu*

别名：仙灵脾、刚前、三枝九叶草、乏力草、铁打杵、三叉骨、九叶草、三角莲

分类地位：被子植物门 Angiospermae

　　　　　小檗科 Berberidaceae

　　　　　淫羊藿属 *Epimedium*

分布地区：陕西、甘肃、山西、河南、青海、湖北、四川等

▶ 男性之光

作为"妇女之友"的益母草深受广大女性追捧，而淫羊藿的存在则是男同胞的福音。树林下人工种植的淫羊藿在静静地等待药农的收割，带它走出深山。淫羊藿这个名字一点儿也不符合古人含蓄内敛的性格，听来很难登大雅之堂。但这个名字竟然是古代医学大家陶弘景起的，他在《本草经集注》中记载："西川北部有淫羊，一日百遍合，盖食此藿所致，故名淫羊藿。"

起因是羊倌发现在树林的灌木丛中生长

着一种怪草，叶片似杏叶，颜色绿油油，羊吃了这种草就会变得异常兴奋。羊倌感到新奇，就将此怪事告诉了正在采药的陶弘景，对药性敏锐的陶弘景立马察觉到此草不一般，并在脑海里思考，这可能是未被发现的补肾良药。于是便有了《本草经集注》中的记载。淫羊藿这个名字虽简单粗暴，但形象地描述了这味药材的药性，因此这个名字也渐渐被人们所接受。有些文人觉得此名不甚文雅，于是又给它取了几个新的名字，如"仙灵脾""三枝九叶草""乏力草"，但医书中收录最多的名字还是"淫羊藿"。

淫羊藿的家在大山，多生于林下、沟边灌丛中或山坡阴湿处。淫羊藿造型奇特，辨识度很高：一根小草，三个枝丫，九片叶子，故又名"三枝九叶草"。它的生长速度非常快，也是草中的大个头，身高可长到60厘米。每年五六月份，淫羊藿会开出漂亮的白色小花，淡黄色的内萼从四瓣花瓣中伸出，在心形叶子的映衬下显得十分灵动，叶表光滑如丝绸，背面布满细小的白色绒毛。心形的叶子形状并不对称，更像是翅膀的形状，所以也有人称淫羊藿为"精灵的翅膀"，看起来像一只林间跃动的精灵。

作为药物，淫羊藿的药理功效就如其名，主要用于补肾，大医学家陶弘景在《神农本草经》中除了记载淫羊藿对男性补

肾的作用外，还记述了它强筋骨、祛风湿痹痛、麻木拘挛的功效。随着中药药理学的不断发展，人们对淫羊藿药理作用的研究逐渐深入到细胞和基因水平方面，发现了淫羊藿除补肾作用以外更多的功效。淫羊藿含有淫羊藿苷、淫羊藿次苷、宝藿苷、大花淫羊藿苷 A、箭藿苷、金丝桃苷、多糖等成分，这些成分能促进成骨细胞生长，能镇静、抗抑郁、增强免疫功能、保护心脑血管系统，除此之外，对细菌也有抑制作用。另外，它还具有镇咳、祛痰、平喘和降压等作用。期待科研人员深度挖掘这株本草更多优秀的特性，开发更多造福人类的新药。

"秦岭无闲草，到处都是宝。"各种本草契合温度和环境，遵循生命的规律，不断繁衍，不断延续。淫羊藿，名字虽不雅，却能造福人类。

山茱萸

山茱萸 *Cornus officinalis*

别名：山萸肉、枣皮、萸肉、药枣、天木籽、实枣儿、蜀枣、鼠矢、鸡足、山萸肉

分类地位：被子植物门 Angiospermae

　　　　　山茱萸科 Cornaceae

　　　　　山茱萸属 *Cornus*

分布地区：陕西、云南、山西、江苏、浙江、安徽、江西、山东、河南、湖南、四川、甘肃等

▶ 进补佳品

每一株山间草木都蕴含着自然的灵性，一草一木，不分美丑，皆是大自然的馈赠。尽管山茱萸在中医药领域曾一度默默无闻，不受重视，但它的价值终究被发掘。近代医学家张锡纯研究发现，它有很强的补气养血、敛汗固脱的功效。张锡纯甚至赞誉道："茱萸救脱之功，较参、芪、术更胜哉！救脱之药，当以萸肉第一。"

2023年，山茱萸被正式列入药食同源目录中，这意味着它不仅可以作为药物使用，

还可以作为安全的食品被食用。山茱萸的药用疗效显著，同时作为食材也极为安全。

山茱萸是山茱萸科山茱萸属落叶乔木，喜欢阳光滋润，也能耐受半阴的环境。秦岭的春天又一次如约而至，山茱萸的花芽先于叶芽萌发，漫山遍野星星点点的小黄花开满枝头，在明媚的阳光中肆意地绽放着美丽。早春时节，山茱萸花、蜡梅花、连翘花一同迎接春天的到来。同为黄色，山茱萸的单朵花虽然很小，但以多取胜，一簇簇小黄花凑成伞形的花序，金黄色的花瓣在阳光下闪耀夺目。花瓣4个，由内向外反卷，俏皮可爱。山茱萸的花期很长，花朵在枝头能够足足驻留一个月之久，延续着漫长持久的美。待到繁花落尽，秋日来临，枝头便挂满丰收的果实，长椭圆形绯红欲滴的红色小浆果，有点像小番茄，艳丽悦目，甚是可爱。果实通常在9~10月成熟，等到果实成熟，叶子也开始变色，褪去往日的绿色，摇身一变，成了大自然的调色板。

山茱萸果实成熟后的萸肉，俗名"枣皮"。秋末冬初果实变红时采收，用文火烘或置沸水中略余烫，及时除去果核，将果皮干燥，供药用，性微温和，口味酸涩。明代医药学家李时珍在《本草纲目》总结了山茱萸的药效特点，把山茱萸列为补血固精、补益肝肾、调气、补虚、明目和强身的上品药，可

治疗眩晕耳鸣、腰膝酸痛、大汗虚脱、内热消渴等症。

据《神农本草经》的描述，山茱萸不仅是能补肝益肾的中药材，还能作为保健食品，延缓身体衰老，是药食同源的佳品。将晒干的山茱萸果实泡水，用来招待亲朋好友，这样的饮品新颖独特又弥足珍贵。山茱萸茶有补肝益肾之功效。用山茱萸煮粥，不仅味道酸甜可口，滋味绝佳，还具有保健功能。现在人们经常以山茱萸为原料进行绿色保健食品开发，将其加工成饮料、果酱、蜜饯及罐头等多种美味食品。

山中本草，或甜或苦，皆是自然的馈赠。山茱萸的存在，让人们发现原来中药也可以如此美味，享受着酸甜可口的同时也实现了进补。

红豆杉

160

遇见本草

红豆杉 *Taxus wallichiana*

别名：紫杉、扁柏、红豆树、观音杉

分类地位：裸子植物门 Gymnospermae

　　　　　红豆杉科 Taxaceae

　　　　　红豆杉属 *Taxus*

分布地区：陕西、甘肃、四川、云南、贵州、湖北、湖南、广西、安徽、江西等

▶ 抗癌明星

百万年对于地球来说，仅仅是弹指一挥间，对于植物体而言，则是要经历无数时代变迁，克服种种生存危机，才得以出现在人类面前。红豆杉和银杏一样都是第四纪冰川时期的孑遗植物，在地球上已生活了250万年，是世界公认的濒临灭绝的天然珍稀植物，野生种质资源十分罕见。我们今天能在保护区内邂逅秦岭百年古树红豆杉，激动之情无以言表。

红豆杉又称"紫杉""红豆树"或"观

音杉",是红豆杉科红豆杉属的一种常绿乔木,喜阴、耐旱、抗寒,通常生长在海拔1000~1500米处,植株可高达20米。但红豆杉根系比较浅,其主根不明显、侧根发达,能长到20米的高度实属不易。和银杏一样,红豆杉也是雌雄异株的植物,只有雌株可以结出果实。而且,若是雌株离雄株太远,无法正常授粉,雌株也是很难结出果实的。授粉成功的红豆杉雌株在秋天会长出小樱桃大小的红色种子,种子形状如红豆,因此得名红豆杉。颗颗红豆挂枝头,等待采撷,鸟儿叽叽喳喳成群结伴,啄食红果用来填饱肚子,消化过后,通过排便将种子散播到大山的其他角落。每当种子红了的时候,就预示着红豆杉有了新生的希望。

虽然有鸟儿帮忙播种,但在自然条件下红豆杉种子的萌发率和幼苗成活率都较低,且生长速度缓慢,因此野生植株的数量非常少。1994年红豆杉被定为国家一级珍稀濒危保护植物,其他一些有红豆杉分布的国家也把它列为"国宝",明令禁止采伐。它是名副其实的"植物界的大熊猫"。

野外生长的红豆杉数量稀少,不仅在于它自身的繁殖特点,更在于它的医药价值。红豆杉树皮中含有的抗癌物质紫杉醇是抗击癌症的明星成分,具有抗肿瘤的功效,是治疗转移性卵巢癌和乳腺癌的药物之一,同时对肺癌等也有显著疗效,对肾炎及细小病毒炎症也有明显的抑制作用。但治疗一名癌症患者所需要的药量，要十棵左右的红豆杉，它也因此被过度采伐。"匹夫无罪，怀璧其罪"是红豆杉的真实写照，也是造成红豆杉濒危的原因之一。

好在经过长时间的不懈努力，如今的红豆杉栽培技术已经十分成熟，大规模的红豆杉原料林基地形成，国内处处可见其栽培株，甚至在花卉市场也能看到它的身影。红豆杉的叶子四季常青，作为庭院观赏植物无疑也是很好的选择。它还能很好地净化室内的空气。如果你想拥有一棵红豆杉，那就去花卉市场转转吧！

红豆杉一年四季都以翠绿示人，见证着地球的沧桑演变，树皮书写着起死回生的故事，在不变中实现着自己的永恒。红豆杉的生存历史比恐龙还长，是自然的奇迹。要想这个奇迹能够长久地延续，需要人类的精心呵护和不懈努力。

景天三七

遇见本草

景天三七 *Phedimus aizoon*

别名：费菜、土三七、八仙草、血山草、马三七、白三七、胡椒七、晒不干、吐血草、见血散、墙头三七、养心草、九头三七、还阳草、养心菜

分类地位：被子植物门 Angiospermae
　　　　　景天科 Crassulaceae
　　　　　费菜属 *Phedimus*

分布地区：四川、云南、秦岭南北坡等

▶ 一把还阳草

秦岭山里的花多数都在争奇斗艳，但总有一些植物在默默地生长、默默地开放，景天三七就是这样一类不争春色却大有用途的植物。

景天三七为景天科景天属多年生草本植物，虽名为景天三七，但与人参属的三七没有任何关系。景天三七粗短的根状茎蛰伏在地面以下，肥厚的叶片交互生长在光滑而粗壮的茎上，叶椭圆状披针形或倒披针形。每年夏天，茎的顶端会开出淡黄色的伞形花序，

五瓣小花紧密地凑在一起，明媚而灿烂。

景天三七俗称"还阳草"，具有活血化瘀、解毒消肿的功效，主治劳伤腰痛、金创出血、无名肿毒、蛇虫咬伤。它含有生物碱、齐墩果酸、谷甾醇、黄酮类、景天庚糖、果糖、蔗糖、蛋白质和有机酸等，能养心、宁心、平肝、清热、活血，经常食用能有效治疗高血压、心脏病。其中的齐墩果酸还有保护肝脏、延缓老年性肝组织纤维化的作用。

除了治病，景天三七还是一种不错的食材。它能保护心血管，因此有人把它称为"养心菜"。在没有牛奶和钙片的年代，景天三七还是人们餐桌上的高钙菜。早春时节，万物萌动，景天三七也开始萌芽。冬天的景天三七地上部分虽然枯萎，但根部依然存活；待到春天来临，植株会从根部重新发出嫩芽。待长到约一掌高时，人们的餐桌上就会多出一道既爽口又保健的小菜。

景天三七的生长速度非常快，入夏时就能长高到40厘米左右，这时的用途就更大了。如果在户外不小心被蚊虫叮咬或者是摔倒擦伤，直接将它的叶子捣碎涂抹即可。涂在蚊虫叮咬的地方，很快叮咬过的痕迹就会消失不见，皮肤不再瘙痒，变得无比舒爽；涂在擦伤处能消炎止痛，立刻感觉冰冰凉凉。家里有老人孩子的总喜欢在门口或花盆里种上一些，无论是农家

的小院里，还是城市高楼的阳台上，都能见到它的身影。景天三七不仅是观赏植物，更是实用植物。

景天三七的生命力很顽强，喜阳也耐阴，随手折下一枝，插入土中便能成活。即使茎不慎折断，它也能从折断处长出新的枝条来，特别适合爱花却不擅长养花的人。野外的景天三七生长更是随意，石缝中、岩石上，只要有土的地方它就能生长。我想，娇贵的植物一定会羡慕它的肆意随性和不惧风霜。

自然界中每一株花草，无论高大或是渺小，都有其生命的倔强，景天三七就是这样，不屈不挠，顽强生长。冬日里，它不惧风霜，茎叶虽暂时枯萎，但根部依然在不停地积聚力量；待到春回大地之时，嫩绿的生命又会带给人们无限的希望。青山不改，绿水长流，希望本草与人类的关系一直地久天长。

伍·生机勃勃

天麻

天麻 *Gastrodia elata*

别名：赤箭、木浦、明天麻、定风草、神草、水洋芋、山地瓜

分类地位：被子植物门 Angiospermae

兰科 Orchidaceae

天麻属 *Gastrodia*

分布地区：吉林、辽宁、内蒙古、河北、山西、陕西、甘肃、江苏、安徽、浙江、江西、台湾、河南、湖北、湖南、四川、贵州、云南、西藏等

▶ 天生麻子脸

雨后的秦岭山生机盎然，居住着千奇百怪的生物。在一众绿色的植物中，几根直立高耸，犹如"箭"一般直指天空的家伙，格外引人注目。原来是天麻呀！天麻只有一根茎，没有一片叶子，没有一丝绿色，不能进行光合作用，它是如何生存的？它的样子是如此的独特，它到底是植物还是菌子呢？这类特殊的生物，总会引起大家诸多的疑问。

天麻是植物吗？查阅资料，我们会惊奇地发现，天麻是多年生草本植物，全株不含

叶绿素。土黄色肥厚的椭圆形块茎上有不明显的环节。土黄色的花长在茎的顶端，花梗很短，果实为蒴果，种子多而细小。从对根、茎、叶、花、果实、种子的描述来看，天麻算是不折不扣的植物了。

虽是植物，但天麻全身上下没有叶绿素，又是怎么存活的呢？天麻虽不能进行光合作用，产生营养，但它找到了好伙伴蜜环菌来帮忙，天麻向蜜环菌菌丝借得营养，助力自身生长，蜜环菌通过分解植物中的有机质来生长，天麻和蜜环菌之间就这样结下了不解的情缘。这种互利共生的生存方式，是植物巧妙的生存模式。

天麻无根，无绿色叶片，由种子到种子，整个生长周期长达两年。在这两年中，除了开花结果的70天时间在地表外，其余的时间都以块茎潜居于土中。

弄明白了天麻的生长特性，想吃到天麻，就再也不用冒险，探宝般地满大山里找寻它的身影了。但天麻喜凉爽、湿润环境，怕冻、怕旱、怕高温、怕积水，适合在秦岭山中种植。天麻不能自主获得营养，人工栽培天麻首先要培养好蜜环菌菌材和菌床。秦岭山中的槲、栎、板栗、栓皮栎等树种是蜜环菌最爱的食材，就地取材，选择腐殖质丰富、疏松肥沃、排水良好的砂质土壤栽培。经过精心培育，第二年的冬季便能收获天麻。

天麻以块茎入药，形状酷似土豆，将天麻蒸煮切片，晾干后的天麻片似用麻绳编织的鞋底子，大概它的名字就是这样来的吧。天麻富含天麻苷、天麻多糖、多种氨基酸、有机酸及众多微量元素，对人体大有裨益。天麻炖鸡是天麻的经典吃法，天麻乳鸽汤也是大病初愈之人的绝佳补品之一。每年冬天，当天麻收获后，品一碗用天麻煲的热乎乎的滋补靓汤，成了冬日里的一大念想。用天麻煲的汤，清甜滋润，还有祛风止痛、行气活血、健脾和中、补益肝肾的功效。

若对秦岭深山药用植物的生长繁殖进行了深入研究，你就会发现人工栽培药用植物可谓一举多得——为农民创收，为健康增益，为野生资源保驾护航。野生资源延续不易，唯有心存敬畏，方能绵延不绝。

大黄

大黄 *Rheum officinale*

别名：黄良、火参、肤如、蜀大黄、牛舌大黄、锦纹、生军、川军、金不换

分类地位：被子植物门 Angiospermae

蓼科 Polygonaceae

大黄属 *Rheum*

分布地区：云南、四川、陕西、湖北、甘肃、宁夏等

### ▶ 乱世之良将

秦岭山中，忽闪着大叶子，一眼就能让人认出的本草，大概当属大黄了。车辆在山间道路上平稳驶过，一丛丛排列整齐，随微风吹过左右翻动着宽大的叶子，犹如列队的方阵向我们挥手致意，这一定是大黄了。大黄为蓼科多年生草本植物，两三年生长下来个头就比人还高了，粗壮的肉质根及根状茎有时能比人的手臂还粗。根状茎上直接着生宽大的叶子，叶子上长有白色的短刺毛，这短刺毛对大黄来说，可有大用途：大黄喜水，

这些短刺毛就像一个个小抓手，捕捉空气中的水分，水分充足了，大黄能长到如此大的个头也就不足为奇了。

大黄的个头虽大，但野外的数量并不多，如果任由人们无节制地采挖，秦岭山中就看不到大黄这味药材了。好在它并不娇气，人工种植很容易成活，如今的秦岭山中能看到大黄整齐列队的景象，全因它易栽培、好成活的特点。到了每年10月份，药农就开始收获大黄了。大黄以根及根状茎入药，去除表面的泥土和粗皮，切开根部，亮黄色的断面便裸露出来。根部切片后干燥，就能得到我们熟知的中药材了。

由于大黄富含番泻苷、鞣质、有机酸等物质，能增加肠蠕动，抑制肠内水分吸收，促进排便，所以大黄作为中药材被人们熟知的功能就是作为泻药使用，但它的本事可不止于此。大黄中的大黄素对多种细菌有抑制作用，尤其对葡萄球菌和链球菌最为敏感。另外它对付白喉杆菌、伤寒杆菌和副伤寒杆菌、肺炎双球菌、痢疾杆菌也不在话下，因此有着很强的抗感染作用。

大黄入药，已有悠久的历史，《神农本草经》《伤寒论》《金匮要略》中涉及大黄的方剂就有50多个。明代杰出医药学家张景岳谓："夫人参、熟地、附子、大黄实乃药中之四维，人参、熟地者治国之良相也，附子、大黄者乱世之良将也。"古代名医有用药如用兵的论述，大黄专治各种急慢性疑难杂症，

因此被称为"乱世之良将"。

可能有人会有疑问,一种药材怎么能治疗这么多的病症呢?殊不知同一本草,用不同的炮制方法,就能改变其药性,甚至改变其功效,尤其是善变的大黄。干燥的大黄经过浸泡、蒸制、晾晒、复蒸、再晾晒,褪去原本富贵的黄色,脱胎换骨,变成了如黑炭般的墨色,此时被称为"熟大黄"。大黄从生到熟,也有了不一样的作用。大黄泡酒,可清热泻火、凉血解毒、逐瘀通经。大黄烤至内黄外黑,研磨成粉,就具有了凉血止血的功效。

大黄善变,功效易变,不变的是治病救人的本事,中草药应对着人类各种各样的疑难杂症,其中奥妙定需要一代代的医学研究者为世人揭开!

黄精

黄精 *Polygonatum sibiricum*

别名：鸡头黄精、黄鸡菜、爪子参、老虎姜

分类地位：被子植物门 Angiospermae

百合科 Liliaceae

黄精属 *Polygonatum*

分布地区：黑龙江、吉林、辽宁、河北、山西、陕西、内蒙古、宁夏、甘肃（东部）、河南、山东、安徽（东部）、浙江（西北部）等

▶ 天地之精华

山里寻宝，总会有意外收获，穿行密林，阳光透过树叶间隙洒下斑驳的掠影，若隐若现的本草就生长于其中，每一棵都精妙绝伦。今天进山的本意是寻找另外一种本草，但运气不错的是在树下的灌木丛中发现了一棵长达2米的黄精，这是秦岭山给赶路人的馈赠。

野生黄精并不罕见，但那披针形犹如竹叶般的轮生叶，稀疏地分布在茎的节间，细软的枝条随意地搭在身旁的植物上，混在一众杂草中，着实难以被发现。秦岭山给了我

们莫大的幸运,让我们在步履艰难的密林中发现了这棵长达2米的黄精。我们停下脚步,顺藤摸瓜,找到了这棵黄精的根系所在。密林中的土壤总是肥沃的,黄精的根状茎生长在土壤的浅层土中。我们没费多大力,就获得了黄精的入药部位根状茎。黄精根状茎一节节膨大,节间缩小,如串珠状,每一节都是年份孕育的结果。我们今天遇到的这棵黄精,仔细数来已经有8个膨大的节,这也就意味着它在自己的沃土上寒来暑往默默地生长了8个年头。今日有幸遇见它,不仅是秦岭山的恩赐,也是我们的荣幸。

看着手里的黄精,我们也不由得在想,大黄名字的由来源于药材本身以黄色为特征,而黄精的颜色与黄色无关,何以称之为黄精呢?据《抱朴子》载:"昔人以本品得坤土之气,获天地之精,故名。"意思是此本草生于黄土地中,获得天地的精华,由此得名"黄精"。古人云"家有黄金万两,不如黄精一两",认为服用黄精可以获得天地的滋养,以此延年益寿,得道成仙,在古人眼中它可是滋补的上品。唐代诗人杜甫有"扫除白发黄精在,君看他时冰雪容"的诗句,看来扫除白发不仅是现代人对美的追求,古人对永葆青春的追求也毫不逊色。一味黄精,上可润肺、中可健脾、下可益肾,这不正是人们对健康养生的追求吗?

黄精形似生姜，但味道却不似生姜那般辛辣，炮制后入口甘甜，也一改人们对中草药苦涩的刻板印象。《食疗本草》中记载："黄精，曝使干，不尔朽坏。根叶花实皆可食之。"黄精煮粥，不仅入口软糯，而且有健脾养胃的功效；黄精煲汤，做成药膳，更是现代人追捧的完美养生选项；黄精的干制品，用热水冲泡饮用，在保健的同时也改善了白水寡淡的口感。

临行前从同行的伙伴那里了解到，黄精有根茎繁殖的能力，带有芽头的黄精根茎前端幼嫩部分2~3节便可作为种子，来年芽头萌发，就可以长出新的植株。我们离开时，掰下了黄精前端带芽头的两节，并重新埋回了发现它的地方，期待来年它能重新发芽，继续被秦岭大山所庇佑，在这里生生不息地繁衍。

秦岭是我国重要的野生中药资源宝库，走进山中，各种千奇百怪的草儿目不暇接，满眼铺开层峦叠嶂的绿色。即使"长在深山人未识"，它们也依然生生不息。科研工作者正在努力了解它们的习性，以便能将它们请入药园，进行人工培育，让它们走进生活，让更多的人认识它们，并从中受益。

黄连

黄连 *Coptis chinensis*
别名：味连、川连、鸡爪连
分类地位：被子植物门 Angiospermae
　　　　　毛茛科 Ranunculaceae
　　　　　黄连属 *Coptis*
分布地区：陕西南部、四川、贵州、湖南、湖北等

▶ 苦口良药

俗语有云，"哑巴吃黄连，有苦难言"。黄连的苦深入人心，它似乎已经成了苦味的代名词。究其原因，只因黄连富含小檗碱、黄连碱、甲基黄连碱、掌叶防己碱等大量的生物碱，造就了黄连在舌尖上挥之不去的苦味，也造成了人们对黄连的惧怕。值得庆幸的是，通过现代技术的研究，科研人员已经寻找到脱去黄连之苦的办法。

黄连是毛茛科黄连属多年生草本植物，喜低温和空气湿度大的环境。野生黄连个头

不高，植株长20厘米左右，叶子羽状深裂，有点像水芹菜的叶子。未开花时，躲在杂草堆中，不仔细寻找，很难发现它的身影。它的地上部分虽不出众，但地下却有粗壮的根茎和根，将根部切开来，就会呈现出黄褐色，故名黄连。

黄连味苦，性寒，因此成为清热下火的良药，治疗上火引起的心烦失眠、胃热引起的呕吐积食、肝火引起的目赤肿痛都不在话下，堪称身体的"灭火器"。现代药理学研究表明，黄连具有保护心脑血管、降糖、抗炎、抗肿瘤的作用。黄连还具有很强的杀菌作用，且与一般的抗生素相比不容易产生耐药性。利用黄连的杀菌性能，不仅能用来制药，将其添加在日用化妆品中，能达到长效抑菌的效果。

黄连虽苦，但深秋的秦岭山中，药农们的心里却比蜜还甜，因为又到了黄连收获的季节，黄连能给深山的药农们带来可观的收入。作为知名中药材，黄连制成的中成药可以治疗肠胃炎、痢疾等疾病。家庭常用药"黄连上清丸"就得益于黄连这味本草的效用。

如今我们在病痛时能吃上黄连这味既便宜又好用的"苦药"实属不易，因为山里零星分布的黄连根本满足不了人们的需求，原料药曾一度紧缺，野生资源已被列为国家二级重点保护药材。于是人们开始大力发展人工种植。起初，黄连的规模化种植并

非一帆风顺。黄连喜阴，忌阳光直射，当地药农就在田里采取搭架遮阴的方式种植，使黄连免受强光的侵袭。不料一场大雨过后，幼苗却被架上跌落的大颗雨点尽数损坏，药农因此损失惨重。药用植物研究所的科研人员得知消息后，戴着斗笠和测量工具实地考察后发现，这种搭架遮蔽的种植方式不仅毁坏了大量的林木，而且雨水借助架子积聚了雨滴的势能更易损坏黄连幼苗。怎样才能找到两全其美之法呢？大自然总会给出最好的答案。黄连源于山林，也应让其回归山林。林下种植，有了大树的庇佑，幼苗可躲避强光的直射；错落的树叶又可削弱雨水的势能，减少雨水对幼苗的打击。经过不断的尝试，终于实现了黄连的大规模种植。从伐木到造林，从稀缺到量产，无不渗透着科研人员的点滴心血。

天地大美，不负有心之人，如今的黄连产量已比过去翻了几番，我们能在需要时吃上这味苦口的良药，需要感谢那群怀揣本草情怀的有心人。

# 藿 香

藿香 *Agastache rugosa*

别名：合香、苍告、山茴香、山灰香、红花小茴香、香薷、猫巴蒿、八蒿、鱼香

分类地位：被子植物门 Angiospermae
　　　　　唇形科 Labiatae
　　　　　藿香属 *Agastache*

分布地区：全国各地广泛分布

▶ 迷之香气

在一众香料植物中，藿香因独特的香气被人熟知。不同于鲜花甜甜的香气，它的气味别具一格，是会让人上头的迷之香气。《本草纲目》言，"芳香，豆叶曰藿，其叶似之，故名藿香"。可我觉得一定是因为起初发现这种神秘香气的人的一句感叹："嚯！好香！"形象地道出了它的特点，于是它也有了名字。

藿香是唇形科藿香属多年生草本植物，茎四棱形直立，在水量充沛的年份可以长到

一人多高。叶子呈心形或卵形，边缘有锯齿。每当夏天来临，一条圆筒形的穗状花序从顶部抽出，开出紫蓝色的花；当花朵全部绽放，就像一根根在山间挥舞的仙女棒，甚是好看。藿香茎叶和花都有香气，破碎后香气更浓。还记得儿时外婆家的小院儿里也种着几棵藿香，外婆总喜欢揪下一片叶子，在指尖揉捏后，把叶子凑到我的鼻子上让我闻藿香的气味。因此，藿香也成了我儿时记忆中的气味。

  藿香的种植和使用有着悠久的历史。藿香的植株喜阳，但不挑土壤。它的分布很广，从南到北都能生长，农村的房前屋后总喜欢种上几棵。不仅仅是因为它的颜值出众，夏天来临有一串串的紫色小花可以观赏，更是因为它的用途很广，家家户户都能用到。藿香是一种深受人们喜爱的香料植物，当炊烟升起，随手在院中揪一把藿香嫩叶，与鱼一同烧制，不仅能去除鱼的腥味，还能增加鱼的鲜美口感，藿香烧鱼堪称一绝。古人笔下的诗句"一瓶东阁莲花酒，半尾西斋藿香鱼"描绘出一幅酌酒品鱼的惬意画面。想到此已垂涎欲滴，真想立刻一品藿香烧鱼的美味。除了烧鱼，夏季用藿香煮粥或煮凉茶食用，也是很好的选择，对暑湿重症、脾胃湿阻、肢体重困、恶心呕吐有效。

  藿香不仅可食用，还是不折不扣的药用植物，它具有芳香化湿、和胃止呕、祛暑解表的作用，食欲缺乏、呕吐、外感暑

湿之寒热头痛、湿温初起的发热身困、胸闷恶心、鼻渊、手足癣都需要用到它。说到防暑解表，人们常会想到夏天中暑时所用的"藿香正气水"。不过藿香正气水是由藿香的姐妹广藿香制成，同样具有解暑功效。藿香的杀菌功效也值得一提，口含一片藿香叶便能除去恼人的口臭，使口气变得清新。它的杀菌作用还有另外一个妙用，有脚气的朋友可一定要认识一下藿香，藿香也号称"脚气的克星"。取藿香的茎叶煮水泡脚，脚气脚臭就消失无踪。

国人偏爱本草香，取藿香的叶子和花晾干，亲手给心爱的人缝制成香囊，既提神醒脑，又寄托了对健康的期许。藿香虽小，妙用不少，能吃、能用、能治病，腰杆直立喜阳光，风中摇曳散发香。

连翘

连翘 *Forsythia suspensa*

别名：黄花杆、黄寿丹

分类地位：被子植物门 Angiospermae

木樨科 Oleaceae

连翘属 *Forsythia*

分布地区：河北、山西、陕西、山东、安徽、河南、湖北、四川等

▶ 俏皮可爱

冬去春来，草长莺飞，在这温暖和煦的四月天里，各色花朵竞相开放。诗人白居易笔下的一句"人间四月芳菲尽，山寺桃花始盛开"道出了山间生灵复苏、百花陆续开放的景象。伴随着山桃花的开放，漫山遍野的不知名小花也正开得烂漫，棣棠、刺玫、山茱萸、连翘……一众黄色的花朵中，我最偏爱连翘，它的黄是如此的纯粹热烈，充满着生命的张力。连翘开花先于长叶，黄灿灿的花朵从枝间吐露出来，一幅繁花盛开、欣欣

向荣的景象。花开正繁时，连翘的叶子才会悄悄地冒出来凑热闹，嫩绿掩映着鹅黄，再糟糕的心情看到此等美景，都会豁然开朗。连翘不仅生于山野乡间，也可以拿来装点庭院，每年春季，看到成片的连翘花开，心情也会明朗起来。

有些朋友想一睹连翘的芳容，却傻傻地分不清连翘和迎春，因为它们同属木樨科植物，颇有几分相似之处。但迎春花的花瓣为5瓣，连翘花通常为4瓣；迎春花的花形不及连翘花大，花瓣也没有连翘厚实；迎春花总在早春时节开放，想看到连翘花则需耐着性子等到仲春时节了。"四月春光无限好，庭院连翘金辉耀。"四月是连翘花开得最盛的月份。

连翘不仅有美丽的花朵，还有美丽的传说。相传华夏中医始祖岐伯，因尝试一种新的草药而中毒昏迷，危在旦夕。他的孙女连翘心急如焚，突然想到爷爷曾经说的草药相生相克的道理，便在毒草药的周围寻找能救爷爷的解毒之药。她将一种椭圆形的叶片捋下，熬成汤药给爷爷服下，岐伯竟然慢慢苏醒过来。恢复健康后的岐伯对这种植物产生了兴趣，发现它的绿叶有很好的清热解毒作用，它的果实入药效果更佳，便将它纳入中药名录，并以他孙女的名字命名了这味中药。

连翘以果实入药，具有清热解毒、消肿散结的功效，是中国临床常用的传统中药之一。连翘与金银花配伍，有了家喻户

晓的"维C银翘片"，治疗急性风热感冒、淋巴结结核是一把好手；连翘与金银花、黄芩相伴，制成"双黄连口服液"，疏风解表、清热解毒，治疗发热感冒、咳嗽、咽痛有奇效。小小的连翘果能和多种中药配伍，治疗众多疑难杂症。连翘的宝贝之处，不止于连翘果入药，它的叶还可以制茶。采集新鲜的连翘嫩叶，制成连翘茶，每天服用一剂，有缓解急性肾炎、紫癜、疮毒的作用。

  连翘全身是宝，花可观赏，叶可制茶，果则入药。冬去春来，又一年连翘花开，盛开时满枝金光闪闪。本草连翘，不仅赏心悦目，也承载着造福人类健康的希望！

元胡

元胡 *Corydalis yanhusuo*

别名：延胡索、延胡、玄胡索

分类地位：被子植物门 Angiospermae

　　　　　罂粟科 Papaveraceae

　　　　　紫堇属 *Corydalis*

分布地区：安徽、江苏、浙江、湖北、河南，陕西、甘肃、四川、云南、北京等地引种栽培

▶ 疼痛的克星

四月的清晨仍有丝丝凉意，天刚露出鱼肚白，我们就驱车前往汉中市的城固县，清晨的城固笼罩在一层淡淡的薄雾当中，氤氲的雾气给清晨的城固蒙上了一层神秘的面纱，宛若仙境一般。秦岭南麓的汉中市气候湿润温暖，北纬33°的气候适合多种中药材的生长。汉中市所辖的城固县已有2300多年的历史，是中草药元胡重要的生产基地，元胡在这里种植已有50多年的历史。

说起中药元胡，大家也许有些陌生，但

提起"元胡止痛片",就会顿感熟悉吧?是的,元胡最大的本领就是止痛,对付腰膝疼痛、跌打损伤、淤血作痛是它的强项,对于患有痛经的女性更是福音。

元胡又名延胡索、玄胡,是罂粟科紫堇属草本植物。元胡这个名字乍一听有一种来自异域的粗犷气质,但实际上它却是一种十分"秀气"的植物。它的植株个头不超过30厘米,纤细的茎叶被风吹过仿佛就要随之而去。

元胡喜光,阳光充足的地方有利于它的生长,它的根系较浅,排水良好的砂质偏酸土壤是它的最爱,城固县的土质正好契合了元胡的偏好。三四月份来到城固县县城郊外,绿莹莹的田地连成片,远远看还以为是麦田,定睛一看,就会发现原来是成片的元胡田。别看它初春时长相普通,但四月一到,元胡就会陆续进入花期。玫红色的小花成片开放,山脚下成了花的海洋,玫红色的小花如同落在枝头振翅欲飞的鸟儿。这些"鸟儿"自然不怕惊扰,暖风拂过,花海一浪一浪地荡漾而过,仿佛已经带走了病痛。

到了花期末期,元胡地下的块茎迅速膨大,再经过50天左右,中药材元胡的入药部位就可以成形。揪住地上部分的茎叶向上一提,一串串纽扣状的元胡就顺势被拔了出来。因为是砂质土壤,附在元胡根茎上的沙土很容易被抖落下来,露出淡

土黄色的元胡块茎，颗颗饱满，粒粒分明。将一颗颗块茎从细软的根上取下，洗净晾干，便是中药材元胡了。

中药元胡除止痛以外，还具有理气、活血、通小便的功效。中医讲究"痛则不通，通则不痛"，元胡可用于全身各部的气滞血瘀之痛，打通了淤堵，身体自然也就不痛了。民间也有"不怕到处痛得凶，吃了元胡就要松"的俗语。元胡虽与罂粟是同一科植物，但它发挥止痛作用的同时并不会使人产生药物依赖或成瘾性，是一种安全的止痛药。在医学还不发达的过去，取几粒元胡洗净，放入水中煮来喝，不一会儿，疼痛就能缓解大半。古时的劳动人民就是靠着这一味小小的元胡减轻疼痛的袭扰，治疗造成疼痛的疑难杂症。

如今的元胡有了现代医药工业的加持，华丽转身，穿上糖衣，进入铝塑膜，以一种全新的面貌为患者解除病痛。而身处大山中的药农，也依靠着这小小的元胡养家糊口，过着平静安逸的生活。

菘蓝

菘蓝 *Isatis tinctoria*

别名：板蓝根、茶蓝、蓝根、靛青根

分类地位：被子植物门 Angiospermae

十字花科 Brassicaceae

菘蓝属 *Isatis*

分布地区：全国各地均有栽培

▶ 家中常备

说起菘蓝，有人会以为它指的是某种蓝色，其实它是药用植物中的一员。说起板蓝根，大家一定不陌生，脑海里会顿时浮现出那句"家中常备板蓝根，治疗感冒起效快"的广告语。板蓝根与菘蓝是什么关系呢？其实，我们服用的板蓝根就是菘蓝的根，中药名为板蓝根。每当外感风热时，一杯板蓝根冲剂下肚，不到半个小时，鼻塞的症状就缓解不少，顿感神清气爽，畅快许多。板蓝根冲剂伴随着我们的成长，它为每一个孩子的健康保驾护航。

菘蓝是十字花科菘蓝属两年生草本植物，一条长长的主根深扎于土地，茎直立生长，花为黄色，总状花序。每到开花的季节，一棵菘蓝通常能开出上百朵的黄色小花，种植菘蓝的药园里就会金黄色成片，犹如油菜花田一般。每到花谢之后，将根从土里挖出，洗净晾干，切段，便是中药材板蓝根了。它的叶又名大青叶，也是一味中药。大青叶能杀菌，治疗细菌性腹泻它很在行，如果是因为吃了不卫生的东西而闹肚子，取大青叶煮水喝能很快缓解腹泻症状。菘蓝的叶不仅可以入药，还另有一个神奇的妙用——将菘蓝泡水轻度发酵，提取蓝色染料，便可用于当下流行的"草木染"了。"青出于蓝而胜于蓝"中的靛蓝色，便是大青叶给予人类的色彩。

板蓝根入药，具有清热解毒、凉血、利咽之功效。它被人熟知的作用是治疗感冒，身体偶感不适，一杯暖暖的板蓝根冲剂下肚，身体的免疫系统就有了好帮手。板蓝根含多糖，可以刺激免疫细胞，具有调节免疫力的作用，帮助身体抵御病菌的袭扰，配合充足的睡眠，一觉醒来，又可以精力充沛地投入生活和工作当中。除此之外，板蓝根还可治疗乙肝、乙脑、流行性腮腺炎、喉炎、扁桃体炎、病毒性心肌炎、带状疱疹，甚至还有抗肿瘤的作用。现代研究发现，板蓝根中含有 33 种用来

对抗疾病的有效成分，难怪它可以治疗这么多的疾病，成为妥妥的"万能神药"。

菘蓝浑身是宝：粗壮的根部可以入药；刚长出嫩叶的幼苗最适合采来当菜吃，焯过水后，凉拌最佳，虽带有淡淡微苦，但正是这淡淡的苦味成了它作为食材独有的风味，在满足人们口腹之欲的同时，还能强身健体，兼顾了养生之道。

菘蓝的用处很广，但它的生长一点儿也不矫情。它完美地继承了十字花科家族抗性强、易成活的特点，从南到北均能生长。无论是山中的肥沃土地，还是房前屋后的一小片空地，种子所到之处都能生长得很好。因此它的价格既便宜又稳定，作为食材老百姓能吃得起，作为药物老百姓也能用得上。也许将来有一天，我们还会发现菘蓝新的妙用。

绞股蓝

绞股蓝 Gynostemma pentaphyllum
别名：七叶胆、七叶参、五叶参、公罗锅底、神仙草、甘蔓茶
分类地位：被子植物门 Angiospermae
　　　　　葫芦科 Cucurbitaceae
　　　　　绞股蓝属 Gynostemma
分布地区：陕西南部和长江以南

▶ 是草也是药

夏天的清晨，最为惬意的事莫过于坐在院子的一角，看着阳光透过大树洒下斑驳的光影，采一小撮绞股蓝尖，洗净来泡茶。喝着绞股蓝茶，看着树下茂密的绞股蓝旺盛地生长。

绞股蓝是葫芦科绞股蓝属草本攀缘植物，喜欢借助杂草、老藤向上攀附生长。张开的掌状叶随风晃动，像是邻家晃动小手的孩童。它细弱的茎秆上挂着一根根小弹簧似的卷须，靠着触须的缠绕能力，绞股蓝株连

蔓生，肆意生长。只需摸到一条藤蔓，稍加用力一扯，掐下带有龙须的嫩枝尖端，无论是泡茶还是烹制菜肴，保健效果都极佳。绞股蓝茶具有补五脏、强身体、降血脂之功效。倘若想将这份滋味长久保存，就取炭火烧锅，小火慢焙，蒸发掉绞股蓝多余的水分后揉捻成形。力道把控要恰到好处，一揉一捻之间，激发茶香；揉捻完毕，风干晾晒，就可长期保存这份自然的清香了。取点儿绞股蓝来泡茶，有着青草香气的茶汤，入口虽微微泛苦，但苦味还未入喉却已有回甘。一年四季，无论是落座院中，观青山绿水，纳习习凉风，还是珍馐穿肠，大鱼大肉过后需要解腻，一杯嫩绿透明的绞股蓝茶饮下，顿时神清气爽，犹如醍醐灌顶。

每一种植物都有它最初的用途，绞股蓝也不例外。在雨水丰沛的秦岭南麓，绞股蓝遇到了它喜欢的生境，生长迅速且茂盛。在不了解绞股蓝药效的年代，当地人常常将其收割回来作为家中牲畜的饲料。现代医学研究证明，绞股蓝具有降血压、降血糖、降血脂的作用，不仅可以有效预防血管中血栓的形成，而且具有益气、健脾、清热化痰的功效。因此才有了茶叶加工企业把绞股蓝制成绞股蓝茶，制药企业把绞股蓝制成药品的现象。绞股蓝这才从畜草华丽转身，变成了人们趋之若鹜的宝贝，并且也给当地人民带来了可观的经济效益。食用绞股蓝，你大

可不必担心血压、血糖会被降得过低而造成不良反应，绞股蓝具有双向调节作用，能使食用者的血糖、血压维持在正常水平。

走进秦岭腹地的平利县，我们就走进了"绞股蓝故乡"，你时常会看到绿油油的绞股蓝在这里成片生长。平利县选育的多个绞股蓝新品种，药用品质及有效成分含量都极佳，生产的绞股蓝产品更是入选了"国家地理标志产品"清单。进入平利县就能听到一首广为流传的诗："平利山中一种藤，民间常用奇效能。杏林草堂精心制，安神补中益气生。""北有人参，南有绞股蓝"，绞股蓝酸水解产物与人参的酸水解产物有着相同的性质作用，因此绞股蓝也有"南方人参"的美称。

绞股蓝有清热解毒、止咳清肺祛痰、养心安神、补气生精之功效，可用于降血压、降血脂、护肝、促进睡眠以及对肠胃炎、气管炎、咽喉炎的治疗，被制成多种临床用药。昔日的乡间野菜、家畜口粮，经过科研人员的研究，如今已走在保护人类健康的道路上，中医药亦走在不断突破、不断完善的道路中。

西洋参

遇见本草

西洋参 *Panax quinquefolius*
别名：西参、洋参、佛兰参
分类地位：被子植物门 Angiospermae
　　　　　五加科 Araliaceae
　　　　　人参属 *Panax*
分布地区：吉林、北京、山东、陕西、山西、福建、云南等

## ▶ 参中小兄弟

说起植物界的大补之药，人们首先想到的一定是东北特产——人参。人参是一味补中益气的大补之药，也是众多传说故事里的主角，常被称为"百草之王"。殊不知秦岭南麓腹地的留坝县种植着人参的小兄弟——西洋参。听到"西洋"二字，毋庸置疑，这个小兄弟是个舶来品，原产自美洲大陆。中国人自古对养生滋补情有独钟，相传18世纪中国人参的价格一度被炒到比黄金还高，来自法国的牧师发现了人参的商机，于是通

过多年的寻找，终于在加拿大蒙特利尔地区的森林中寻找到了这种外形酷似人参的植物，于是就将这种植物引入中国。国人将其命名为"西洋参"，至此，我国的人参就多了一个长相相似的小兄弟。正是由于它的大哥人参在中国的走红，才有了它的兴盛。

西洋参是五加科人参属多年生草本植物，同人参一样，也有一个肉质的主根，偶尔也会根部分叉，形成似人形的模样。西洋参的叶柄上会长出巴掌样的复叶，叶片长卵形。到了每年的七八月份，茎的中心就会伸出一根长长的花柄，顶端开出一朵朵五角星形的小花，这些小花簇拥在一起，构成西洋参的伞形花序。花瓣是清新淡雅的绿色，当小花谢幕，鲜红色扁球形的浆果闪亮登场，像一把熟透了的红豆。西洋参头顶着宝珠在微风中晃晃悠悠，向其他生物宣告秋天的到来，如果鸟儿看到，无疑是要欢呼雀跃一番的。品尝过秋日的补品后，鸟儿也会将西洋参的种子传播到森林的其他角落，西洋参的种子只需静静地躺在肥沃的土地里，等待来年春日的到来，破土而出，长成新的植株。

秦岭山是一座能包容万千本草栖身的神奇大山。西洋参喜欢阴湿环境，忌强光和高温，秦岭南麓的留坝县完美契合了西洋参生长所需的所有条件，山间高大的栎树、榛子树为西洋参的生长提供了天然庇护,因此留坝县成了西北地区最大的西洋参种植基地。每当农历十月前后,丰收的喜悦总会洋溢在参农的脸上,生长了5年以上达到药用标准的西洋参,就可以离开土壤,摇身一变成为药店里一味温补益气的良药。采参是一件需要耐心和细心的工作,西洋参只有保证品相完整才能卖上好价钱,参农们要小心翼翼,轻手轻脚,保证西洋参全须全尾。采参人谨慎仔细又心怀忐忑的样子,像极了等待揭榜的少年。

西洋参入药,记载于《增订本草备要》中,它味苦微甘,性凉,具有滋阴补气、生津止渴、除烦躁、清虚火、扶正气、抗疲劳的功效。与人参的热性不同,用西洋参滋补身体不易上火。干制品切片后泡水,入口微苦,但不久就会回甘,口喉生津,对增强免疫力、增强心肺功能大有裨益,也可用于治疗心血管疾病,抑制癌细胞的增殖,有"绿色黄金"之称。

昔日众人趋之若鹜的贡品,今朝百姓也可享有它带来的健康福音,人们的健康不仅有人参的保驾护航,同时也有西洋参的助力。这一切的实现,不仅有参农的辛勤劳动,有科研人员的科学点播,更有秦岭大山的庇护。保护大山也是在保护自己的健康。